CHINESE
BEAUTY

美人出画

从仕女画中
学国风妆容造型

编著　顾小思　马大勇

人民邮电出版社
北京

图书在版编目（ＣＩＰ）数据

美人出画 : 从仕女画中学国风妆容造型 / 顾小思，
马大勇编著. -- 北京 : 人民邮电出版社，2021.6
ISBN 978-7-115-56395-8

Ⅰ . ①美… Ⅱ . ①顾… ②马… Ⅲ . ①化妆－历史－
中国－古代②发型－设计－历史－中国－古代 Ⅳ.
①TS974.1-092②TS974.21-092

中国版本图书馆CIP数据核字(2021)第071817号

内 容 提 要

　　近年来，随着古风的盛行，复古的服饰和妆容造型越来越考究，也越来越为大众所喜爱。为了帮助读者对古风妆容造型有更深入的了解，作者编写了本书。本书共 5 章，先系统介绍了古风妆容造型的相关历史知识及妆容细节，然后介绍了古方妆品的制作方法，接着通过实例来介绍妆容造型的设计与制作方法，最后介绍了传统首饰的制作方法。本书附赠教学视频，以方便读者更直观地进行学习。

　　本书适合化妆造型师和古风妆容造型爱好者阅读和参考。

◆ 编　　著　　顾小思　马大勇
　　责任编辑　　张玉兰
　　责任印制　　马振武

◆ 人民邮电出版社出版发行　　北京市丰台区成寿寺路 11 号
　　邮编　100164　电子邮件　315@ptpress.com.cn
　　网址　https://www.ptpress.com.cn
　　北京富诚彩色印刷有限公司印刷

◆ 开本：787×1092　1/16
　　印张：13.25
　　字数：303 千字　　　　　　　　　2021 年 6 月第 1 版
　　印数：1 – 2 500 册　　　　　2021 年 6 月北京第 1 次印刷

定价：129.00 元

读者服务热线：(010)81055410　印装质量热线：(010)81055316
反盗版热线：(010)81055315
广告经营许可证：京东市监广登字 20170147 号

前言

这是"美人"系列的第四本书了，不知不觉，从 2016 年开始写第一本《美人云鬓：国风盘发造型实例教程》到现在已经 5 年了。近几年，随着古风的盛行，各地纷纷举办各种汉服活动，古风走秀进入大家的视野，人们在这一领域的审美水平也在不断提升，其中最明显的表现就是古装剧造型越来越考究。从古装电视剧《知否知否，应是绿肥红瘦》到《鹤唳华亭》，男女演员的妆容越来越清淡，很少看到阿宝色和浓郁的假睫毛，女演员的眉毛也不再是清一色的一字大平眉，而是开始采用多种眉形。在一些文创类综艺节目（如《上新了·故宫》《国家宝藏》等）中，都可以看到精致的古典妆容造型。

我一直在思考，到底什么才是"中国妆"。直到有一天，我在逛苏州博物馆举办的"画屏：传统与未来"展览的时候，看到了新疆阿斯塔那古墓群出土的几块屏风碎片上的女子画像。我想所谓"中国妆"不就是仕女画中古人的妆容吗？

经常有人跟我说看不懂仕女画，觉得画中的每个人都长得差不多。可就是因为画中人有相似的地方，大家才能看清这部妆容变迁史。

于是我开始挑选仕女画，想复原仕女画中的"中国妆"。开始创作仕女画妆容时，我发现现代妆容中涉及的瘦脸、阴影或高光等技法，古人早就用到了，且在脸部装饰品上更是独具特色。随着一个个造型的制作完成，本书也自然而然完成了。

本书内容包括历史部分和实践部分，历史部分我邀请了马大勇老师参与写作。马老师的《红妆翠眉：中国女子的古典化妆、美容》是我最早接触的古代仕女画造型类图书。马老师多以文字形式介绍历史，旁征博引。我更擅长实践，因此我们的这次合作是理论和实践的结合。

要了解仕女妆容的构成，就需要了解整个化妆体系，甚至要从化妆品的制作开始研究。我很幸运地遇到了王一帆老师。一帆老师酷爱复原古方妆品，如胭脂和玉女桃花粉等。我向她学习了古方妆品的制作方法，成功研制出了妆品，对古人妆容的构成有了进一步的了解。例如，仕女画中女子的眉毛多为细眉（除了一些唐代的造型），这可能和她们用来画眉的妆品有关。现代人画眉多用眉笔，而那个时期的人多用膏状品，这就需要用类似于小毛笔的工具来描绘，因此他们勾画出的眉毛都是有弧度且眉尾细长的。

同时，要感谢多位匠人朋友为本书提供了发饰制作教程，包含缠花、花丝镶嵌、辑珠和绒花等的制作，其制作方法简单、易上手。希望读者不仅从这本书中看到古风之美，还要了解中国妆容的发展历史，明来处，知去处。

特别感谢（排名不分先后）

妆品复原指导：王一帆（新浪微博 @ 王一帆古代妆品复原人）

历史研究与作：马大勇（新浪微博 @ 广西马大勇）

首饰：粉黛姑娘（新浪微博 @ 粉黛姑娘家的小酒奴），何航（新浪微博 @ 和绒坊），

奈奈（新浪微博 @ 翠锦堂奈奈）

非遗传承人：非物质文化遗产北京绒鸟传承人 蔡志伟

非物质文化遗产手工药香制作技术代表性传承人 张益丽

花钿样式图：夏雪

古方妆品插画：夏夏

案例摄影：侯苏珂（新浪微博 @ 可可爱吃药）

封面摄影：连舒乐（新浪微博 @ 塔米_LLe），姜姜（新浪微博 @ 野闻－姜姜），

千景绘（新浪微博 @ 千景绘 STUDIO）

插图摄影：郑艺群

目录

章一 仕女画写真韵 009

章五 传统首饰 187

章一

仕女画写真韵

一、从仕女画中看到的

热爱古风妆容的女子大多喜欢在面前摆一本仕女画集。

仕女画是中国人物画的一个分支，又称美人画。简单地说，仕女画是描绘古代女性形象的画科，它以绢、纸（有时候是墙壁）等为载体，用毛笔蘸取墨和国画颜料描绘而成。仕女画可采用先勾线再层层敷色的工笔重彩手法，也可采用浅绛勾染手法，有时也会采用不设色的线描（白描）手法。画中人物涉及后妃、贵妇、民女，还涉及神话传说里的花神、麻姑、嫦娥、织女等女仙，以及《西厢记》《红楼梦》《聊斋志异》等小说故事中的女主人公。画中，她们精美的衣裙、首饰，繁复的发型，秀丽的妆容，无不深深吸引着观者。

唐代于逖所著《闻奇录》中有这样一个故事。唐代进士赵颜从一名画工手里买了一幅软障图。图中的女子容颜艳丽无双。赵颜忍不住对画工赞叹道："世界上岂有如此女子？若得令画中人生，我当求为妻室！"画工微笑着说道："我本就是一位神画家，这是我用心描绘的神画。画中女子名唤真真，你每天昼夜不停地呼唤她的名字吧。满一百天时，她便会回应你。那时你就给她饮下百家彩灰酒，她就活过来了。去吧。"赵颜照做了。画中的女子果然走了下来。也许，这只是寂寞之人面对栩栩如生的画作时产生的想象吧。

还有这么一个故事。

唐代歌伎崔徽曾与文士裴敬中相爱，后来却不得不与之分别。她托善于写真的画家画下自己的肖像，寄给敬中，并表示："崔徽一旦不及画中人，且为郎死。"她立下誓言，若年华老去，再不能与画中的自己相比了，那就是自己离开的时候了，后来她含恨而去。

这是唐代诗人元稹的《崔徽歌序》记载的。这位崔徽姑娘，决绝地把青春、生命定格在了写真的画幅之中。自然，我们是不赞同这种做法的。

清代诗人陆求可作有《雨中花慢·美人图》一词，写的是文士观赏美人画的情景，其中就用了上面提到的两个典故："一幅鲛绡，写照如生，不知名媛何人。但嫣然欲笑，窈窕传神。仿佛帘前顾影，依稀花底回身。是倾城尤物，螺黛凝差，

环珮无尘。赵颜软障，灰酒盈樽，临风频唤真真。浑不比、崔徽小巷，魂断朝云。两点秋波注意，半弯罗袜生春。可能学得，画屏游女，闲踏花茵。"丝绢上呼之欲出的女子婀娜含笑，在帘前留下倩影，在花树下转身，黛眉之间藏着一段娇羞，双眸明亮如秋水。画中美丽的女子可比令赵颜唤出的真真，又可比以画幅寄托深情的崔徽。

《聊斋志异》中著名的故事《画壁》写的是寺庙壁上画有散花天女："内一垂髫者，拈花微笑，樱唇欲动，眼波将流。"那额前垂着黑发的少女，手拈花朵微笑，樱桃般红艳的嘴唇微张，眼波流动，令观看的书生久久注目，心驰神往，不觉神摇意夺，恍然凝想，引出了一段奇幻的故事。

不论是经过画家艺术加工的形象，还是女子的写真肖像，都真真切切地表现出了女性的婀娜美好。

明代擅长画仕女画、留下多卷佳作的仇英作有《百美图》。画面中，绿柳摇曳，牡丹在玲珑湖石边怒放，图中的仕女结伴在园中嬉游，有散步的，有临窗读书、对弈、奏琴的，还有斗草、戏鸳鸯、起舞、荡秋千的。她们衣袂翩翩，妆容明洁淡雅，涂着红粉妆。这幅画虽是经过艺术虚构的，却展示了当时的生活情趣。

仇英《百美图》局部，北京故宫博物院藏

二、为什么要研究仕女画中仕女的妆容

本书的主题是观赏仕女画，从画中学习、品味历代不同身份女子的妆容。

古人没有照相机或摄像机，没有能让人看得真切的照片、录像留存。古人运用各种化妆技巧描绘的妆容大部分都未能保存清晰的图像，这真是一大憾事。幸运的是，一些文字记载与美术作品保存了下来，我们可以从中窥见古典妆容的风貌，进而细细揣摩。今天要想研究古典美韵，可行的手段就是配合史籍里的文字记载，研究一些美术作品，如壁画、卷轴画等，再参考历代人俑、塑像中的女性形象。这都是历史长河里留存的讯息，是非常宝贵的资料。

历代仕女画家以画笔绘出了古典女子的千百种妆容。先秦、汉、唐、宋、明、清等不同时代的女子有不同的妆容，宫廷与民间的女子也有不同的妆容。眉毛、嘴唇的形状，所用脂粉的色泽，眼睛凤梢（上眼线）的长短，眼上涂染的色彩（眼影）等，无不折射出人物丰富的内心情感。仕女画可以说聚集了古典女性美的精华，值得后人借鉴学习。

从仕女画中汲取灵感，进行妆容、服饰的改进、创新的做法早已有之。清代流行京剧，京剧中的一些女性妆容很明显是吸收了仕女画中女子的妆容。例如，晚清时《百幅京剧人物图》中的多幅女子像，她们扮相俊俏，虽经过画家的艺术加工，但仍可以看到她们的双眉弯似月，红唇小而娇。现代京剧大师梅兰芳编创、

晚清《百幅京剧人物图》局部，美国纽约大都会艺术博物馆藏

演出的名剧《天女散花》中，天女的造型借鉴了古典图画里仙女的妆容。这是传统与创新的结合，展示了梅兰芳先生的戏剧革新精神。

如今的女性，可暂时放缓匆匆的脚步，摊开仕女画集，静心揣摩。掬来净水，洗净脸颊，取古法制作的胭脂、水粉、眉黛和唇脂，装扮起来。一瞬间，便宛然化身为古风佳人，似乎置身于满是书香的清斋静室，诵诗文，奏琴瑟，守礼而娴雅；似乎漫步于园苑里的粉墙月亮门边，让红妆与梅花、翠竹共照；似乎漫游于琼楼玉宇、玉阙珠宫间，让妆容与浩浩天风、弥漫云雾相融。

三、追溯妆容历史

中国的古典妆容历史可以放到世界妆容发展史中加以观察。历史上的妆容被记录在文明的进程中，成为今天人们的灵感源泉。

世界妆容历史可以追溯到原始社会。原始文明刚刚萌芽时，人们将随手可得的天然颜料（有的是动物血液、植物花果的汁液，有的是调和黏合剂）涂抹在脸上，或者在脸颊、额头或下巴上画出简单的几何图形、花卉或动物图案。这样的化妆技术是自然的、自发的、朴素的。直到在非洲尼罗河流域出现了古埃及文明，化妆才谈得上有艺术性。

古埃及文明距今有7000多年的历史，当时的女性将西奈半岛出产的孔雀石（绿色铜矿石，中国古代称石绿）碾为青绿色粉末，与灰黑色的方铅矿石粉、油脂调和，用来描画眼睛，使眼睛显得细长。女性在眉毛与上眼线之间涂上青绿色，将唇部涂红，别具妩媚韵味。在古埃及壁画上就能看见这样的妆容。

在古希腊文明中后期，身份高贵的女性常穿着由薄布折叠而成的宽大衣服。她们喜欢化妆，用锑粉涂抹眼部，用白色铅粉为脸部增白，还会在脸颊和唇部涂上朱砂（在中国也称丹砂，化学成分为硫化汞，有毒，但色彩红艳，碾磨为粉状可以作为颜料与化妆品），眉毛则会画成一字眉。

在继承了古希腊文明的古罗马帝国，女性也喜欢为脸部增白，在脸颊和唇部涂上红色颜料，再以乌黑的颜料画出长眉毛。

使用白色铅粉化妆的传统一直延续到中世纪。当时的女性为了追求时髦，顾不上长期使用铅粉对人体的危害。

在英国伊丽莎白一世时期，女性喜欢为脸部增白，还喜欢把眉毛剃光，画上细弧线，同时把前额露出，提高发际线，再配上红棕色的头发。白脸庞、高额、细弧线眉毛成了当时时尚的象征。在年轻女性间流行的是披肩长发。有的用细小的鼠毛做成假眉毛贴在脸上。这些是当时女性的标准形象，在同时期的肖像油画中皆可见。

在印度，女性要在眉心处点上红色吉祥痣，这是用由朱砂、花汁和糯米浆混合而成的颜料点上去的。同时，长眉毛、眼线、口红等也少不了，配上飘逸的传统"纱丽"（裹在内衣外的长衣），构成了典型的印度古典女性形象。

在古代日本，贵妇人会把牙齿染黑。她们使用的是用铁片浸入茶或醋之类的液体后获取的黑色染料，而后用羽毛之类的工具将其涂在牙齿上。一开始这象征着该女子已经成年，后来则成为区分未婚者和已婚者的标志，只有已婚者才能染黑牙齿（黑齿直到近代日本的明治时期才消失）。这些贵妇人也喜欢露出额头，剃光眉毛，点上两团黑点；也有受到中国古典风影响的两道弯眉，同时配以赤色面妆、唇妆的。近几百年来，日本兴起歌舞伎，她们喜欢把整张脸都涂成雪白的颜色，再画眉毛、眼线，打上夸张的腮红，把唇部涂红。尚在培训中的歌舞伎，只能把下唇涂红。培训结束后拥有了正式的身份，她们才能把整个唇部涂成花朵状。这样的一张白色脸庞，在只有烛光的环境里十分醒目，这正是她们进行歌舞表演时需要的效果。

中国女性的化妆起源极早，至少可以追溯到5000年前分布在中国黄河中游区域的仰韶文化时期。在仰韶文化庙底沟类型遗址出土的一件陶制人面就用了朱砂之类的红色颜料涂绘（2008年12月19日《中国文物报》刊登有照片），可见当时有用红色颜料涂染的化妆法。当然，这是原始的、质朴的化妆法，和后世细腻精致的美还是有差距的。

牛河梁文化遗址（距今5000多年）出土的一件女神头像，脸部酷肖真人，眼珠用绿玉球镶嵌，脸颊光滑，以赭红色的赤铁石粉涂绘，这也是一种化妆法。这件女神头像可能是以当年的女王或女酋长为原型塑造的，化妆显得她更为神圣。

妇好墓（商代武丁王的王后墓）中出土了一套残留着朱砂颗粒的杵臼、小盘子，它们很可能就是妇好化妆用的工具。四川三星堆、金沙遗址也出土了用红色颜料涂抹的雕像。这类以红妆为主的化妆法，在商周时期就固定下来了。战国时期楚国宋玉的《登徒子好色赋》描绘了一位天生容貌恰到好处的美人，不需要白粉和朱红化妆，"著粉则太白，施朱则太赤"，这也从侧面说明了当时的女子比不上这位特异的美人，多以朱红与粉白化妆。

长沙马王堆一号汉墓出土的帛画画着女墓主人的形象，她身穿深衣，形貌雍容。这是现存较早的仕女画。

此后，仕女画不断发展，给后人留下的女性形象数不胜数。广义来说，包括魏晋南北朝壁画、敦煌壁画与绢画、唐代壁画中的诸多宫人、贵妇、民女，以及羽人、菩萨、飞天等；东晋名家顾恺之，唐代仕女画家张萱、周昉所作画中的仕女；五代顾闳中《韩熙载夜宴图》、宋代《宋人画女孝经图》《歌乐图》等画中的仕女；宋、明、清留存的皇后、贵妇肖像画；明代唐寅、仇英，以及清代冷枚、焦秉贞、禹之鼎、费丹旭、改琦等所作画中的各种仕女。她们的历史背景有别，身份也不同，搭配的衣裙、发饰、鞋履等相异，化妆的用品、妆容等也各异。但她们有共同之处，即"情"与"礼"贯穿画幅，表现出了丰富的内心世界，焕发着异于外国化妆文化的独特光彩。

古代中国诗歌理论名篇《毛诗序》说："故变风发乎情，止乎礼义。发乎情，民之性也；止乎礼义，先王之泽也。"情感反映了发自本心、本性的生命的需求与活力，同时又受到儒家礼义思想（即先王之泽，先王的德泽教化。先王一般指尧、舜、禹、汤、文王、武王等儒家推崇的贤王）的约束，行为、思想都要合乎礼、义。

历代提倡女子不要妖艳夺目，而要有深厚修养，有内在美，这样外表自然会有清秀、淡雅、谦和、清俊之风。《世说新语·贤媛》中载"王夫人神情散朗，故有林下风气"，是对南朝才女谢道韫（王凝之的妻子）的评判，意为谢道韫给人以神情娴雅、举止大方之感。

"妃善属文，自比谢女。淡妆雅服，而姿态明秀，笔不可描画。"宋代传奇小说《梅妃传》中记载了唐玄宗的妃子江采萍有文才，把自己比作谢道韫；她爱化淡妆，爱穿雅致衣服，有明秀之韵，笔墨丹青难以描绘出她的美。

在历代仕女画中，女子多风韵高雅。她们有的在园苑内欢愉地歌舞、奏琴、探梅、采花、荡秋千等，有的在黯然神伤、思念爱人、惆怅春逝等，都流溢着无限的情怀。同时，她们的衣着、妆容是典雅、含蓄的，并无外露、直白的"窈窕作态"。例如，宋代佚名画家描绘宫廷歌舞情景的《歌乐图》，画面中正准备演出的乐女舞姬都穿着红色裙子，身形修长；头上有3个突出的花瓣状的头饰，脸部白皙，眉毛为垂珠眉形，妆容彰显出一派秀润、温婉、柔和之韵。

宋代佚名画家所作的《宋人画女孝经图》（《女孝经》，唐代郑氏所撰，为古代女性教育书）描绘了一群聚在一起教授和学习儒家孝道、礼仪思想的女子。宋代、明代的皇后、贵妇肖像画中，女子的妆容与珠翠凤冠等发饰、翟衣等盛服相配。虽然这些女子浓重涂染着妆粉与胭脂等，却都少有突出、出奇之处（只有宋真宗皇后像的面妆画得线条分明，令人惊讶），均以平和的手法，依照女性脸部的天然条件，修饰发际线、眉毛、眼部、唇部，以胭脂与妆粉修饰肌肤。宋仁

宋代《歌乐图》局部，上海博物馆藏

明代皇后像，台北故宫博物院藏

宗皇后像、明成祖皇后像等多幅皇后像，明清时多幅孔府衍圣公夫人像，色彩鲜艳，尽显人物柔和端庄的仪态。这些都是"礼"或"正色"的具体表现，也隐含天人合一、遵循天道之意。当然，画中的女性也因此缺乏一些激情，缺乏个性。

经由画家们不懈的努力，以彩笔勾描、染色，开阔而细致的意境、复杂而严谨的礼训、深邃的哲思，还有个人内心的真情就在这些图画中凝聚。中国的女子诵读诗书，通达明理，知晓礼仪，遵循礼节。她们美丽的妆容如清晨绽放的娇花，形成一册隽永的妆容史。

这美丽的史书曾经被时间尘封，但是一旦把它的片片画页掀开，便能感受到如盈露晨花一般的气息。这是给予现代人妆容灵感的不竭源泉。徐徐翻阅这本妆容史书，反复回味，礼敬古典文化的精华。

四、历代新妆

　　中国古典女性妆容既有共通之处，又随着时代推移而不断发生变化。对于这本女性妆容史，读者可从第一页翻开，从先民所创造的最初形象开始阅读。"蒹葭苍苍，白露为霜。所谓伊人，在水一方。溯洄从之，道阻且长。溯游从之，宛在水中央。"这一篇《诗经·秦风·蒹葭》描写的是男子对心爱之人的不懈追求。虽是恍惚迷离，水涯阻隔，道路漫长，但只要不断寻觅，伊人仍可追寻，仍可依稀见到伊人的美。

先秦

　　先秦时，女子妆容有庄重优雅、神奇浪漫之特质。以春秋时齐国公主、卫庄公的夫人庄姜为例，她是较早为人们所知的中国美人。《诗经·卫风·硕人》一诗细致描写了她出嫁时的相貌和装扮。"硕人其颀，衣锦褧衣……手如柔荑，肤如凝脂，领如蝤蛴，齿如瓠犀，螓首蛾眉，巧笑倩兮，美目盼兮"描绘的肤色，额头、眉毛的形与色，显然是化妆之后的情况。诗句记载她体态修长，穿着锦衣（古时女子最高等级的礼服，即翟衣，上有彩色的翟纹。翟即红腹锦鸡，羽毛天然五色皆备），外加褧（jiǒng）衣（罩在锦衣外，能透出锦衣花纹的轻薄罩衣）；手指纤柔，肤如凝脂，脖颈如蝤蛴（qiú qí，天牛的幼虫，色白而身长），牙齿若瓠籽（细小整齐的葫芦类植物的种子），额头方正如螓（qín，古书中说的一种方头广额的蝉），眉毛细长如蚕蛾的触须，笑时妙丽无比，美目顾盼摄人心魂。肤如凝脂，自是用了妆粉；额头方正，想来是剃去鬓、额覆发，使鬓角、额头线条平直；眉毛更是经过描画，才会有似蚕蛾触须的效果。配上艳色锦衣、轻透褧衣，更显得华贵、美丽而又合乎礼义。

　　湖南省长沙市一座东周楚墓中，出土了一小幅楚国时的帛画《人物龙凤图》，画的是女性墓主人的形象。它是以毛笔勾勒线条，再涂色而成，可以说是较早的工笔肖像画、仕女画。画中，她双手合十，呈站姿，前有龙凤飞舞，寓意龙凤会引领她的灵魂升天成仙。她盛装打扮，且遵循礼仪，穿着当时流行的云纹曲裾深衣，挽着高发髻。画中虽展示的是人物的侧面（这是早期肖像画的特征），也可见她的长眉与凤梢（上眼线）皆向上高挑，点着朱唇，妆容既秀丽又高雅，无疑是一位贵妇人。

《人物龙凤图》，湖南省博物馆藏

汉魏晋南北朝

汉代国力强盛，文艺具有宏丽的特征。汉代壁画里常见脸庞丰润灵秀的女子，给人开朗之感，其妆容也很明艳，与汉代大气、昂扬的时代精神相呼应。且看西安曲江西汉壁画墓中壁画上的女子形象。她体态较为高挑，穿宽袖深衣，头发经过精心梳理，衬托着光洁的额头和脸庞。亮点是红唇染朱，特别醒目。眉毛画得高而宽，眼线也经过描画。耳朵上有褐红色，很可能表示的是红玛瑙之类的耳珰。两汉乐府有《城中谣》一首："城中好高髻，四方高一尺。城中好广眉，四方且半额。城中好大袖，四方全匹帛。"这首乐府诗写的是当时流行的妆容服饰，正与这位画中女子相合。

西安曲江西汉壁画，女子像

西安曲江西汉壁画所示女子妆容服饰流行至魏晋南北朝。东晋画家顾恺之的《列女仁智图》《女史箴图》中的女子（身份多是宫中妃嫔、女史，也有民女）便如此类，从袿衣到高发髻，到画得较高的弧形双眉、朱唇、淡妆脸庞，都似汉代妆容。画中女子显得从容、俊朗，流露出"林下风气"。但是画中女子的眉、眼等的形状与汉代壁画相比略有变化。

唐代

唐代国力强盛，经济繁荣，文艺也朝气蓬勃，气脉强健。唐代仕女画给人留下的印象是画中女子丰腴、圆硕、端庄，展现了毫无衰弱哀愁之感的光艳夺目的美。她们的面妆常用鲜艳胭脂染就，有酒晕妆、桃花妆和晓霞妆等，配以朱唇和花钿，鲜艳夺目。杨贵妃就是典型的唐代美人，有"燕瘦环肥"（燕，指的是汉成帝的皇后赵飞燕，是能作掌上舞的舞蹈家，其身形非常瘦削）之说。在近几年拍摄的影视剧里，她的形象总是丰腴而娇媚的。翻看唐代女性辑录，很容易发现此类女性形象。

在唐代贞顺皇后（唐玄宗的武惠妃）石椁上的线刻画中有一位发髻较大、脸庞圆润的宫女。这位宫女的眉毛较粗，凤梢（上眼线）画得比下眼线粗，嘴唇涂满朱红色，显得尤其艳丽。这可以说明丰满的美确实是唐代社会的主流审美。

唐代画家张萱所作《捣练图》，画中正在捣练劳作的女子有着长圆脸形，脸颊薄染檀红色（檀晕妆）。唐代画家周昉所作《挥扇仕女图》，画中女子皆圆脸，亦染淡薄檀晕妆。周昉另一画作《簪花仕女图》，画中女子皆体态丰满，脸形为长圆脸，妆色较淡，并配以蛾眉和长凤梢。

内蒙古宝山辽墓出土了大约绘于公元 923 年的《杨贵妃教鹦鹉图》壁画。画中，在有柳竹、花丛、湖石点缀的花园内，一位贵妇人云鬓抱面，高髻上装饰着发梳与一支支金钗，穿金边深红色内衣（诃子）、浅蓝色长裙、粉红直领襦，外罩盘绦纹橙红长衣（半袖的背子），手持拂尘，坐在椅子上，正在诵读书案上展开的佛经。一只红嘴长尾的白鹦鹉立在案头。唐代名画家张萱、周昉都有取材于此的"妃子教鹦鹉图"一类的画作。这幅壁画当源于此，且墓内壁画记有"天赞二年（公元 923 年）"题记，去唐未远，为现存较早的杨贵妃图像，其妆容与周昉《挥扇仕女图》中女子的妆容较为相似。画中贵妃的脸庞丰满圆润，配以弯弯柳眉，丹凤眼，娇小的朱唇，泛红的脸颊，更显雍容华贵。

同墓出土的壁画《寄锦图》，描绘了魏晋时才女苏蕙寄织锦回文诗《璇玑图》给丈夫的故事。图中的苏蕙和侍女皆身着窄袖襦裙、腰裙、面庞较为丰润，妆容与《杨贵妃教鹦鹉图》中的女子类似。

唐代美丽的女子被画家、雕塑家看在眼里，记在心上，经过艺术构思酝酿，被作为菩萨的原型，反复出现在寺庙的壁画上，或成为各种装饰彩绘的泥塑与石雕。现存的一些供养菩萨像等，多有着年轻女子的相貌，其妆容、发髻和首饰等也多取材于唐代女子的装饰。

贞顺皇后石椁线刻画局部，陕西历史博物馆藏

《杨贵妃教鹦鹉图》壁画局部，赤峰阿鲁尔沁旗博物馆藏

敦煌莫高窟绢画菩萨像，大英博物馆藏

敦煌莫高窟（藏经洞）中的绢画，画的是菩萨像。画中，菩萨眉毛以上部分已经残缺，但可以看见她脸部丰润，两道眉毛如弯月，眼线稍长且画得很清晰，眉眼开朗，眉毛与凤梢之间涂成浅粉白色，沿着下眼线与下颌尖、脸周、鼻梁根部、人中，皆涂以赭红，以突出腮、鼻梁、下颌上部的粉白，使整张脸有了立体感。她有着盛唐健康女性美的特征。

敦煌莫高窟 159 窟里的一尊菩萨彩塑像，眉眼干净，细眉如弯月，凤梢长挑，透出雍容、雅致、慈和之意态，与之略似。

《五代法华经普门品变相图》局部，英国不列颠博物馆藏　　　　《炽盛光佛并五星图》局部，英国伦敦博物馆藏

　　敦煌莫高窟出土的后晋天福四年（公元 939 年）的绢画《五代法华经普门品变相图》，画中有穿着大袖襦裙礼衣、梳着高髻的贵妇在进行参拜，她两腮染红，配以长凤梢、长眉，眉心点有花钿。

　　唐代《炽盛光佛并五星图》中有一位手执纸、笔，头戴猿冠，身穿黑色裙衣的水星女神。她脸庞丰润，妆容沿袭唐风，作飞霞妆，以稍深的胭脂涂染，宛如晨曦。她微含笑意，嘴唇染着朱色，加上长凤梢、长眉，显得雍容慈善。

宋代

宋代社会提倡文雅、理性，仕女形象内敛、柔秀，虽着盛妆，但妆容较为简洁，与艳丽的唐代妆容迥异。作于南唐的《韩熙载夜宴图》中奏乐和起舞仕女的妆容已与宋代妆容相差无几。画中人物的衣裙色彩缤纷而不浓烈，整体显得清淡；脸部妆容与之协调，皆是浅染粉面；嘴唇也用了较为淡雅的浅红。每一位女子的双眉皆为长眉，用淡黑色均匀地加以晕染，近似涵烟眉，显得飘然意远。宋代《歌乐图》中乐女、舞姬的妆容与《韩熙载夜宴图》中的妆容相似，浅染粉面，温柔优雅。

《歌乐图》局部，上海博物馆藏

"去年今日落花时。依前又见伊。淡匀双脸浅匀眉。青衫透玉肌。才会面，便相思。相思无尽期。这回相见好相知。相知已是迟。"北宋诗文名家欧阳修的《阮郎归》叙述了女子在落花飘飞时节与诗人相见的情景。女子妆容浅淡均匀，与身上所穿的一袭轻透青衫相衬，诗人只是一瞥所见，就在心里留下了不尽的相思之意。这类浅淡妆容被称为薄妆，与《韩熙载夜宴图》中女子的妆容相似。

顾闳中《韩熙载夜宴图》局部，北京故宫博物院藏

明清

明清处于封建社会末期，社会精神趋于保守、内敛，难以见到唐代那般昂扬洒脱的气概。总的来说，仕女妆容以素白和淡彩为主，名画家唐寅、仇英的仕女画作品就是如此。唐寅的《王蜀宫伎图》、仇英的《百美图》等都是典型。唐寅和仇英皆擅长画仕女，常取材于历史事件，其刻画的仕女栩栩如生，有书卷气，而略显文弱，服饰、妆容细腻、俊丽。清代仕女更是面容清瘦，眼睛细长，嘴唇只是点一点红，以樱桃小口突出纤弱、斯文之韵。清初的女子大多化生活妆，弯眉、细眼、小口，面妆色彩浅淡。清代《深柳读书堂十二仕女图》组画中的华服女子即近乎此类妆。

《深柳读书堂十二仕女图之观书沉吟》表现了深宫中妃嫔的日常生活与深沉的内心世界。画中女子坐在书桌旁，持打开的书卷。背景有圆形月亮窗，透出屋外竹影荫凉；室内还有香几、香炉，墙上有山水画，又贴着绿叶形彩笺，彩笺上题写了宋代书法家米芾的一首诗："樱桃口小柳腰肢，斜倚春风半懒时。一种心情费消遣，缃编欲展又凝思。"全诗巧妙地赞美了女子的妆容身姿，还表现出了她在春风中读诗的慵懒惆怅。女子手上的书卷上也有诗，是唐代杜秋娘的《金缕衣》："劝君莫惜金缕衣，劝君须惜少年时。花开堪折直须折，莫待无花空折枝。"这是一首劝人们珍惜青春时光之作，更加深入、含蓄地表达了画中女子的思绪。画中女子有樱唇、弯眉，五官精巧，妆容浅淡，只在腮部、鼻翼和眼眶处染了浅淡红晕，突出了脸部的立体感。妆容颜色皆是浅色，更衬出女子的修养深厚，仪态娴雅，与今日的"裸妆"理念有异曲同工之妙。

《深柳读书堂十二仕女图之观书沉吟》，北京故宫博物院藏

近代

近代社会面貌逐渐发生变化，原有的秩序、思想都受到巨大的挑战，人们以新潮流为时尚。仕女画也逐渐注入了新风，仕女妆容新颖，更具时代精神。绘画大师徐悲鸿绘有一幅绢本工笔重彩仕女画《天女散花图》，是以京剧大师梅兰芳创编的著名戏剧《天女散花》中的形象为题材所作的，这便是新风一例。

天女散花与佛经《维摩经·观众生品》所载维摩诘等高僧大德说法时天女散下天花的故事有关。"时维摩诘室有一天女，见诸大人闻所说说法，便现其身，即以天华散诸菩萨、大弟子上，华至诸菩萨即皆堕落，至大弟子便著不堕。一切弟子神力去华，不能令去。"宋代刘松年作有《天女散花图》，画中有菩萨和罗汉，还有一位红衣天女。红衣天女手捧花盘，身段婀娜，发髻上簪有珠钿，凤目微微斜挑，妆面近似檀晕妆，微染浅粉红，上额、下颌处染白。

近代画家任薰也绘制了一幅《天女散花图》，画中一位天女在云霭中抛撒鲜花，妆容清淡，以浅淡胭脂染画，并无浓丽之色。

刘松年《天女散花图》局部，台北故宫博物院藏

梅兰芳先生以这些故事、图画为灵感源泉，创编了戏剧《天女散花》，歌唱仙境奇景，展现天女舞动长绸飘带，赴佛场散撒天花的情景。《天女散花》属于创新之作，其题材、服饰都很新颖，但也是吸收了传统文化的精华才创编出来的。这出戏历经百余年至今还在上演，深受欢迎。音乐学家田青教授说过："有的年

徐悲鸿《天女散花图》，梅兰芳纪念馆藏

徐悲鸿《天女散花图》局部

轻人问我，梅兰芳大师当年可以创新新戏，我为什么不能？我说，对了，就是梅兰芳可以发展创新，你就不能。人家会五百出大戏，你戏曲学院刚毕业，连三出折子戏还没有学会。你说创新，知道什么是新，什么是旧？"《天女散花》推动了传统京剧的发展，对今天的艺术继承与创新有较大的启发。

徐悲鸿所绘《天女散花图》，云海之中，天女双手合十，驾云飞行，天界瑞风吹拂，吹动长长的飘带，吹得花瓣如雨飘洒。天女所穿服饰十分华美，襦衣、长裙，外加一件以珠子、孔雀翎翠羽为饰的紧身坎肩，疑是仙子穿的羽衣。衣裙、飘带、衣纹皆显得飘逸灵动。天女面部采用西方写生画法进行描绘，逼真如摄影。天女的妆容较为清新，没有采用传统的、较为夸张的戏曲化妆法，妆面色彩匀净，长眉微微挑起，朱唇杏眼，与当时的胡蝶等演员的妆容类似，也颇似敦煌壁画中的供养菩萨像。徐悲鸿在图上亲笔题诗一首："花落纷纷下，人凡宁不迷。庄严菩萨相，妙丽貌神姿。"他赞梅兰芳大师所创造的艺术美。后来其友人罗瘿公也在画上题诗，赞此画以妙笔把梅兰芳大师创造的艺术美永留人间："后人欲知梅郎面，无术灵方更驻颜。不有徐生传妙笔，安知天女在人间。"

在近代，一些油画、月份牌画虽不是传统意义上的以毛笔、墨与国画颜料画成的仕女画，但也属于美人画范畴，也可以为学习传统妆容所用。例如，一幅清末民初的油画里，女子穿着靓丽的浅橙红色中式立领袄，梳着矮发髻，发髻上簪着珠翠花朵和一对凤钗，凤钗上凤口衔珠串，十分华贵；面部只用白粉均匀涂抹，略染腮红，简洁明净，蛾眉弯弯，双眼皮，凤梢稍稍画深，衬出明净目光；嘴唇画得较小，呈较深的橙红色；整体清新不俗。画家运用从西方传入我国的油画技法画出了逼真的女子肖像。

月份牌画中标有商品、商号、商标等广告内容及中英文对照的年历或月历，因此而得名。月份牌画的画法是先用线描法勾勒人物的轮廓，再用炭精粉擦涂出明暗变化，淡化线条和笔触，然后以水彩敷染，表现出如真实照片一般的立体感。人物面部有立体光感，肌肤柔和细致。月份牌画的效果类似于传统的工笔重彩仕女画。这种画法适合表现女子的服饰与妆容，传统的仕女服饰、新潮的旗袍、美艳的妆容，无不惟妙惟肖地呈现在画中，所以月份牌画在当时很受欢迎。很多画家努力创作，将作品交付商家作为广告画大量印刷，然后发行到全国各地与东南亚。可以说当时月份牌画引领着服饰、妆容新潮流。在今天，仍有一些月份牌画爱好者在收集、学习画中的服饰、妆容信息，并加以运用。

杭穉英画月份牌襦裙美人局部

著名画家杭穉英留有很多佳作。例如，他画的一位古装美人，穿着水红撒花的直领宽袖襦，款式传统，但头饰为大片树叶形，加上红宝石耳坠，透出时尚之感。花几上放着一盆梅花，花枝横斜，美人闲坐在梅花前，用染着红指甲的纤纤细手横执笛子，深情吹奏着，笛弄梅花，婉丽可人。她的脸部丰满而灵秀，妆容精致，唇部殷红如樱桃；脸颊、额头洁白，腮部淡染红粉；细勾两道长蛾眉，凤梢画深，略染粉色眼影，眼睫毛突出，更显得眉眼盈盈，很是惹人喜爱。画上题诗："暗香肯许冻蜂知，笛弄梅花绕满枝。如此风光如此夜，只愁灯暗月来迟。"诗中蕴含女儿家的思恋，诗意深长。

清末民初油画像

五、四季妆

　　四季流转，春之雨，夏之风，秋之月，冬之雪，尽是人间好景致。仕女画中女子的妆容颜色随四时不同之景而变，春日有桃、李、杏、梨、海棠、牡丹、芍药和柳等，夏日有莲花、石榴和蔷薇等，秋日有菊、桂、木芙蓉、红蓼和芦花等，冬日有梅花、蜡梅和山茶等。唇之色、脸上的花钿也随花色而变。沐春雨，披夏风，掬水月，揽白雪，细嗅百花之香，作百花之妆，与古典服饰搭配，如诗如画。

春妆

　　春季的女子妆容需与春花相映。春花盛开，纷繁难数，如李花、梨花、桃花、杏花、海棠、牡丹和芍药，花色有白、浅粉、淡紫、鹅黄、金黄、大红和深紫等。春花总是那么明艳，深得女子喜爱，也为文人雅士所推崇。

　　历代诗人常用李花、梨花来比喻美丽的女子。唐代段成式《酉阳杂俎》里收录有处士崔玄微在月下遇见桃、李、杨柳、安石榴诸位花仙子的故事，收有两首诗。其中一首是桃花仙子奉上酒，咏李花仙子："皎洁玉颜胜白雪，况乃当年对芳月。沉吟不敢怨春风，自叹容华暗消歇。"又一首诗是李花仙子奉上酒，咏桃花仙子："绛衣披拂露盈盈，淡染胭脂一朵轻。自恨红颜留不住，莫怨春风道薄情。"李花色白如雪，桃花胭脂淡染，皆是春风里的娇色。

　　南宋杨万里有诗道："桃花薄相点燕脂，输与梨花雪作肌。只有垂杨不脂粉，缕金铺翠衬腰支。"四句诗写出了春时桃花如佳人浅抹胭脂，梨花似佳人白妆雪面，杨柳似着缕金衣裙的细腰女子。

　　有国花之美誉的牡丹花，自古以来就被比拟为妆容美好的丽人。唐代诗人王贞白《白牡丹》诗道："谷雨洗纤素，裁为白牡丹。异香开玉合，轻粉泥银盘。晓贮露华湿，宵倾月魄寒。家人淡妆罢，无语倚朱栏。"谷雨时节盛开的白牡丹花，似以素白丝绢裁剪而成，又似倚在朱漆栏杆边的淡妆佳人（这里的淡妆是指一点儿胭脂痕迹也无的素妆）。

　　明代文学家朱有炖（一作朱有燉，明太祖朱元璋之孙）作的杂剧《风月牡丹仙》

中有"嫩黄迎日色鲜，深紫映霞光炫。娇红如半醉容，浅淡比慵妆面"，写牡丹花万紫千红，如美人化醉妆、慵来妆。又有"牡丹唐宋皆崇尚，夸魏紫，说姚黄。看了他初开满意端严像，赛神仙缥缈容，如美人娇艳妆，比秀士风流况"，表现牡丹有神仙的缥缈感，有艳妆美人的娇艳，又有秀士的风流气度。

明代名画家仇英《人物故事图册之贵妃晓妆》册页，描绘了唐代美人杨贵妃在华清宫端正楼对镜梳妆的场景。画面中，庭院里、楼阁边，海棠花轻轻摇曳，唐明皇曾把杨贵妃比作"海棠春睡未足"。北宋惠洪《冷斋夜话》中引用了《太真外传》的记载。"上皇登沉香亭，召太真妃子。妃于时卯醉未醒，命力士使侍儿扶掖而至。妃子醉颜残妆，鬓乱钗横，不能再拜。上皇笑曰：'是岂妃子醉，真海棠睡未足耳'"海棠树下，竹帘高卷。贵妃刚睡醒，呈慵懒之状，双眉弯弯，似舒未舒，面腮已经敷好浅粉色妆粉，额、下颌处染白，似海棠花初开。她正对镜理鬓，将发钗簪在发髻上。

仇英《人物故事图册之贵妃晓妆》局部，北京故宫博物院藏

清末画家陈崇光绘有《柳下晓妆图》（南京博物院藏），画上以小写意画法绘出园子中的玉栏杆、坡石，数株淡红海棠，绿柳萌芽，丝丝垂挂，一派早春景象；又以工笔画法绘出一位仕女正立在柳树下，对镜理妆，春思盎然的场景。她的衣裙之色为白、浅黄和浅橙红，不浓不淡；高髻上簪着珠翠花朵，面容圆润粉白，微染红晕，眼梢微微上挑，弯眉细巧，俊美可人。她一手拿着青铜圆镜，一手举起眉笔画眉。女子化薄妆，恰似海棠花将要落尽之色，画上有题诗："落尽海棠花，柳絮随风袅。绣阁逗春寒，罗衾拥清晓。晓起弄妆迟，含情人不知。芳时唯自惜，明镜识蛾眉。"写海棠花落、柳絮飘飞，女子含情弄妆、画眉，却怕这芳时飞逝，唯有自己珍视好时光，唯有明镜能展示自己的美。

夏妆

夏季花朵，有荷花（芙蓉花）、睡莲、杜鹃、蔷薇、石榴、栀子、茉莉和素馨等，花色有火焰般的大红，也有浅红色、黄色、素白色等，这些都是女子妆容中常见的颜色。

唐代皮日休《咏白莲》诗道："吴王台下开多少，遥似西施上素妆。"白莲花恰似上素妆的西施姑娘。

"七月芙蓉生翠水。明霞拂脸新妆媚。疑是楚宫歌舞妓。争宠丽。临风起舞夸腰细。"这是宋代名家欧阳修《渔家傲》的内容，写七月时水上芙蓉花盛开，如妩媚的女子脸上的新妆。宋代诗人曹勋《二色莲》有句："素肌鉴玉，烟脸晕红深浅"，写白荷淡雅之色宛如淡妆；绛红荷花之色宛如雅丽的深浅晕红妆。南宋杨万里《红白莲》也写红白之色，深浅之妆在荷花池中出现："红白莲花开共塘，两般颜色一般香。恰似汉殿三千女，半是浓妆半淡妆。"唐代鲍溶早有《水殿采菱歌》："美人荷裙芙蓉妆，柔荑紫雾棹龙航。"宫中美人穿着翠绿荷叶色的裙子，化着染红妆，用纤纤素手划着小型龙舟在水面嬉戏。

　　清代仕女画家冷枚笔法精妙，他笔下的人物形象都妍丽清雅。他的《八美图》之一绘制了一位身着襦裙的女子。她斜倚卧榻之上，肤白如雪；身边一座树根高几，上置一瓶荷花，瓶中荷花有的花瓣舒开，有的含苞待放，与女子淡妆相映。

　　南宋诗人郑刚中《蔷薇》有"一架蔷薇四面垂，花工不苦费胭脂。淡红点染轻随粉，浥遍幽香清露知。"宋代诗人张明中《蔷薇》有"长养风来新样凉，蔷薇娇姹靓浓妆。贵妃得酒沁红色，更着领巾龙脑香。""万花卸尽锦机空，留得蔷薇挹晓风。剩把胭脂匀笑靥，不施铅粉浣潮红。"这两首诗咏蔷薇淡红、深红，或如淡染胭脂，或如杨贵妃醉酒沁出酒晕妆，或如开心时两腮潮红。

冷枚《八美图》之一局部，私人藏

秋妆

秋高气爽，花色缤纷。秋日里最常吟咏、观赏的是菊花、桂花和木芙蓉等花。桂花有丹桂、金桂、银桂等。菊花经历数千年培植，色彩较为丰富，有红、黄、紫、绿、墨和白等色。

清代冷枚绘有《宫苑仕女图》，画中一位头戴凤钗、身份高贵的妃子坐于树根雕木榻上，手持一把画满菊花的轻纱纨扇；身旁侍女手捧一只瓶子，瓶中插好了银桂花枝，微微俯身，似在请主人观赏。榻上女子望向瓶花，呈深思之状。她额头饱满，双眉细长，着素妆，妆面莹洁，正与银桂花相呼应。

清代丁观鹏绘有《宫妃话宠图》，画中宫苑花园里雕栏曲折，设着书案、盆松，盛开着两大盆秋兰，还有一丛丛秋海棠花，一派秋日景象。数名嫔妃在闲聊、赏花，她们的妆容皆为明净素妆。有侍女立于书案边插花，正把一枝银桂花插入一只龙纹瓷瓶中。

金黄的桂花和菊花，在古诗文中常用来比喻女子在额上染涂的鹅黄。北宋诗人谢逸《桂花》诗其一道："白雪凝酥点额黄，蔷薇清露湿衣裳。西风扫尽狂蜂蝶，独伴天边桂子香。"这桂花色就如女子额上白妆、又点染着鹅黄之色，飘散着蔷薇露一般的清香。

木芙蓉，花朵较大，颜色娇艳，有纯白色、粉红色。诗人自古以来就常把木芙蓉花色比喻为美妆之色。北宋王安石《木芙蓉》诗道："水边无数木芙蓉，露染燕脂色未浓。正似美人初醉著，强抬青镜欲妆慵。"这里"燕脂"即"胭脂"。木芙蓉迎接朝露，染胭脂色，色彩未浓，恰似美人饮酒初醉，慵懒地举起青铜镜而欲上妆。醉色未浓，就是说木芙蓉花色不能算醉妆，应算红妆中的飞霞妆。

秋日里的红蓼、芦花等，常大片大片地盛开在水畔，红一片，白一片。相传，在红蓼、芦花丛里，曾分别有红妆、白妆的女子出现（见王初桐编撰的《奁史》）。这多是文士想象出的故事。南宋诗人杨万里《出城途中小憩》一诗，写所见秋景，那片片蓼花宛如燕支（胭脂）滴入般红："秋风毕竟无多巧，只把燕支滴蓼花。"古诗文里类似的描写还有很多。

清代冷枚《宫苑仕女图》局部，
宝洁公司创始人 William Cooper Procter 藏

冬妆

冬日里看似花卉稀少，但有水仙、梅花和山茶等，其色彩也为女子所喜，为妆容常用色。宋代诗人陈棣《蜡梅三绝》便说："林下虽无倾国艳，枝头疑有返魂香。新妆未肯随时改，犹是当年汉额黄。"这蜡梅之色正如当年汉家宫苑里女子额上染的娇媚黄色。

严冬风冷雪寒，唯有梅花不畏风雪，一树树地怒放，象征着高洁、坚强。

梅花中常见的是白梅，萼红瓣白。唐代诗人崔涂《初识梅花》中提到在江南见到梅花："江北不如南地暖，江南好断北人肠。燕脂桃颊梨花粉，共作寒梅一面妆。"这首诗写的是白梅花的桃红花萼犹如胭脂染就，白色花瓣似乎是以梨花般洁净的白妆粉涂成，宛如丽人妆容，白色脸颊泛出桃红，楚楚可人。

清代冷枚《八美图》之一中有一位美丽的女子，她站在雕栏前，四周有白梅、红梅怒放，如红白云簇，洋溢着迎接春天的喜悦。她一手捧着铜镜，另一手的手指点向额头，微微含笑，望向镜中，在对镜理妆。画中表现的当是宋武帝刘裕的女儿寿阳公主，她正欲往额上贴梅花钿（用作面饰的花钿）。相传寿阳公主在栽种着梅花的含章殿居住，有梅花悄悄飘落在她的额头，留下花朵的印记，更增寿阳公主的妩媚。从此大家就喜欢在额上贴梅花钿，妆容被誉为梅花妆、梅妆或寿阳妆，历代多有效仿。（见北宋《太平御览》卷九七零）

宋代以来，古诗词里多吟咏梅花。北宋诗人晁补之《行香子·梅》一词："雪里清香，月下疏枝。更无花、比并琼姿。一年一见，千绕千回。向未开时，愁花放，恐花飞。芳樽移就，幽葩折取，似玉人、携手同归。扬州应记，东合逢时。恨刘郎误，题诗句，怨桃溪。"这阕词咏冬日里月光下雪中的梅花，风姿

清代冷枚《八美图》之寿阳公主局部，私人藏

美好。这一年只开放一次的花儿，引得诗人移来酒樽坐观，折取幽洁花朵握在手中，似与玉人携手同归去。玉人白妆，与雪、月和白梅花共洁。

探梅玉人在仕女画中是专门的一种题材，玉人在园苑中、在野外梅林里沐浴月色，漫步，赏花，看雪，或采折梅枝，手捧胆瓶插梅，或以梅花钿饰额，姿态万千，自有莹洁之意。清代冷枚、改琦、费丹旭、任伯年等都有此类作品，在近代上海的月份牌画中也曾出现探梅玉人。

清代一位女画家王茝，号宛兰女士，绘有《仕女图》（也称《玉人如月折梅花图》）。画中古梅树发出新枝，女子衣着淡雅，着白妆，涂着红润樱唇，妆面洁白，如月如雪。她正从月亮门里探出身来，伸手攀折梅枝，花与妆容相映照。

清代王茝《仕女图》局部，浙江省博物馆藏

《红楼梦》中"琉璃世界白雪红梅"这一回也安排了类似情节，写大观园中的美人宝琴立雪赏梅："一看四面粉妆银砌，忽见宝琴披着凫靥裘站在山坡上遥等，身后一个丫鬟抱着一瓶红梅。"这情景看上去好像是明代名画家仇英（号十洲）的一幅仕女美图："就像老太太屋里挂的仇十洲画的《双艳图》。" 这本是曹公依据古典诗画的经典题材"探梅玉人"安排的一段旖旎情节，后来仕女画家都喜欢取材于此，并留下不少名画。清代改琦的《红楼梦图咏》，画宝琴的一幅即为"踏雪寻梅"，花与人相依。费丹旭《十二金钗图》，也有"宝琴立雪"一画。

檀晕妆是指以胭脂浅调粉色成浅红的檀粉涂染妆面，因为胭脂色很淡，所以妆容光润轻透。唐代张萱《捣练图》中女子的妆容就是如此。北宋苏轼《睿韵杨公济奉议梅花十首》其一有名句"鲛绡剪碎玉簪轻，檀晕妆成雪月明"，咏梅花瓣蕊宛如剪碎的轻盈鲛绡，花色浅淡恰如佳人檀晕妆，光洁透明，如雪如月。北宋谢逸《西江月》，写一树梅花皎洁如玉树、冰魂，与瘦面佳人檀粉妆容相似，透出的是梅花一般的落寞清影，显得特别高雅，不染纤尘："落寞寒香满院，扶疏清影侵门。雪消平野晚烟昏，睡起懒匀檀粉。 皎皎风前玉树，盈盈月下冰魂。南枝春信夜来温，便觉肌肤瘦损。"

清代冷枚所绘《雪艳图》，画中一位穿裘皮直领石青色披风、戴貂皮昭君套的女子，带领两名侍女，于山下园间赏雪寻梅。园里寒池一泓，山石坡地，一树梅花斗寒而开。一位侍女撑着伞，飘洒而下的，分不出是花是雪。另一位侍女手里携着梅花枝条，准备带花归去。女子有秀丽的瓜子脸，身形婀娜。两位侍女秀丽可爱。三人的妆容都以素色为主，用檀粉浅染腮部、眼窝，整个妆容明洁而夺目，正是与梅花争艳的檀晕妆。

冷枚《雪艳图》局部，上海博物馆藏

杭稺英作月份牌画赏梅图

　　近代月份牌画名家杭稺英所绘赏梅图，画中两位时髦女子，身穿旗袍，外加裘皮长大衣或短大衣，在梅园中赏梅、采梅，身后有红梅树、白梅树，树上开满梅花，而以红梅开得最盛。她们手里拿着红梅花枝、白梅花枝。她们涂着鲜艳的口红，脸颊染着腮红，眼部抹着淡红的眼影。这样的妆容渲染出了喜庆的氛围。虽是沿用传统女子探梅题材，但是以红梅花色为主色调，与妆容相映照，与传统常见的白梅、素雅妆容的映照有所区别，不再那么冷艳，而是暖意融融，体现了时代新风尚。

另一位月份牌画名家金梅生所绘仕女图，画中一位穿红花旗袍、染红指甲的女子，斜倚着身子，手抚山茶花枝，染着淡粉红彩的圆脸上洋溢着笑容，突出了唇部的明艳。盛开在冬季的朵朵山茶花的深粉红花色正与她的妆容及旗袍颜色相呼应。

金梅生作月份牌画仕女图

六、如何让仕女从画中走出来

一幅画是平面的，如何看画上的美人，然后还原出立体的、符合当代审美且实用的妆容，这是一个难点。下面分享3个案例，详细讲解如何看画思考，获取灵感，制作造型。

阿斯塔那古墓群唐代女俑妆容

新疆阿斯塔那古墓群出土的一批彩绘泥塑女俑非常出名，但其妆容研究的难度较大。因为我们一般研究的是古画和墓葬壁画上的二维人物，而女俑是一个立体的三维人物，非常罕见。

新疆阿斯塔那古墓群出土的彩绘泥塑女俑局部及灵感妆容

这个造型我尝试过两次。第一次是在自己脸上尝试，花钿、眉毛和唇妆处理得很细致，但整体感觉不太像；第二次找了一位模特，大致还原了女俑的样貌。

这尊女俑的妆容特征如下。

底妆：偏白
眉妆：向外扩散
眼妆：加长了眼线
腮红：颜色偏粉，像桃花妆
唇妆：红色，像蝴蝶妆
花钿：红色，向外晕染
面靥：嘴角附近一边一个红点
斜红：比较多，呈抓痕状

这尊女俑的妆容是典型的唐代妆容，面靥、花钿和斜红都有。从她脸上深浅不一的红色可以看出，唐代已经将红色做了色系区分，类似于今天的口红色号和腮红色号。这尊女俑的脸部比较窄长，因此将腮红打在了脸颊下面的部位，目的在于从视觉上缩短脸部。因为模特的脸部已经很短了，所以我稍稍改变了腮红的位置，往上挪，从眼周向下过渡，人物显得更娇媚。

花钿和眉毛非常靠近，且都集中在脸部上方1/3位置，这样可以聚焦目光，显得额头窄一些。眉毛是从中间往两边扩散晕染的，颇有艺术特色。单看这个眉毛是感受不到美感的，因为眉头靠得非常近。这种连着的眉毛让我想到了一个人——墨西哥画家弗里达·卡罗。她的自画像中的妆容就是一字眉，实际上，这只是一种艺术表现的手段，真人的眉毛并没有连在一起。这种一字眉反倒与这尊女俑的眉毛很像。

弗里达·卡罗本人照片和自画像

接下来说说面饰部分，花钿、面靥和斜红都很齐全，这是很隆重的全妆。妆容越丰富，越表示慎重和尊重。再看看敦煌莫高窟98窟新妇小娘子供养像，供养人的妆容和发饰比日常古画里的要丰富很多，甚至会出现满脸花钿的"碎妆"。

敦煌莫高窟98窟新妇小娘子供养像局部及灵感妆容

唐寅眼里的美人

唐寅（唐伯虎）画仕女画是自成一派的。看唐寅的美人画，最大的感想就是美，非常美，即使用现代的审美眼光来看，依旧觉得气韵十足，美在风骨。

我将唐寅的美人画归为单独的一类来研究。画中美人的妆容都是清淡的，没有攻击性的。三白妆最为常见，且有"浅三白"和"浓三白"之分。《四美图》使用的就是浓三白，画中美人的妆容很明显，像是进行了高光和明暗处理。唐寅对女子的妆容观察细致入微，不负才子美名。

先以《班姬团扇图》为例，画中仕女是比较典型的江南女子长相：樱桃小口，脸颊丰满；脸上的肤色有些地方是偏白的，但不是特别明显，称为"浅三白"；眉毛纤细，类似柳叶眉；发髻比较特别，前方叠了几层。画中仕女的妆容特征如下。

底妆：浅三白，不是很明显
眼妆：未见明显眼妆
眉妆：柳叶眉
唇妆：正红色
发型：桑髻

《班姬团扇图》局部及灵感妆容

　　明代是一个以薄妆为美的时代，妆面看起来要舒服，不能一味地增白。唇部选择了较为柔和的檀色，整体上和肤色更搭。

　　接下来说说《红叶题诗仕女图》，画中仕女的发髻和《班姬团扇图》中仕女的发髻有些相似，但妆容不太一样，妆容未见三白，是比较典型的仕女妆容。模特皮肤较白，所以唇色选择了偏橘粉的颜色。仔细观察，我们可以发现，原画在发际线的位置用了一层淡淡的黑色进行晕染过渡，这说明画家对女性的脸部妆容是相当熟悉的。

唐寅《红叶题诗仕女图》局部及灵感妆容

明代内廷女官妆容

明代女官的妆容非常有趣，面部底妆为三白妆，面上贴着珍珠，但珍珠并不大，应该是有级别的女官才会这样做。

明代《女像轴》中仕女鬓边有簪花，这沿袭了宋代的造型风格，明代仕女图里已经很少见到这样的妆容了。仕女面上贴着珍珠，所穿服饰有点儿像唐代的圆领袍，这在明代的画里并不多见。以上这些分析让我对这位仕女做出了一个大胆的假设，她应该是一位喜欢复古时尚、敢于混搭的内廷女官。

她的腮红在苹果肌侧上方接近颧骨的位置，显得眉目别有风情。她的眉毛是明代最流行的、又弯又细的柳叶眉，嘴唇涂抹了大红色口脂，看不出渐变。有趣的是，仕女用珍珠替代了嘴角两边的面靥。

画中仕女的妆容特征如下。

底妆：三白妆
腮红：接近颧骨处（苹果肌侧上方）
唇妆：红色，无渐变
面饰：珍珠

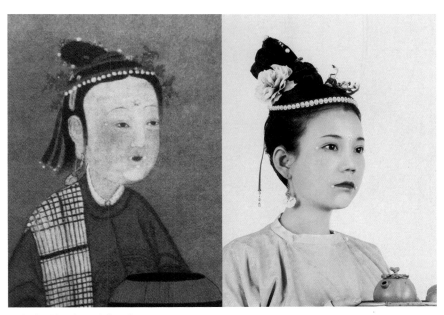

明代《女像轴》及灵感妆容

三白妆最早见于明代的绘画中。宋代以前都是使用偏白的米粉或铅粉进行面部打底，到了宋代，大家开始用益母草等中药粉末相互调和来替代米粉，使得底妆更为伏贴、轻薄。

　　《居家必用事类全集》介绍了"玉女粉"的做法。上妆的时候，把玉女粉丸用唾液调湿，据说对美容有奇效。于是，当时的女子用玉女粉打底，米粉则起到提亮的作用。从唐寅的《四美图》中隐约可以看出耳垂和眼皮上都有少量提亮的痕迹，加上三白的位置（额头、下巴和鼻梁）很像现在打高光的时候提亮脸部T区，可使五官更加立体。

　　在还原这个造型的时候，我用普通粉底打底，用白妆油彩提亮。为了将腮红晕染得更为贴合，使用了腮红膏。因为膏状腮红的反光效果较强，而古代大多是粉状的妆品，所以我在模特的脸上扑了几层很厚的白色晚安粉，粉色隐隐地透出来，粉面感瞬间就体现出来了。

　　三白妆非常上镜且显脸小，腮红在颧骨的位置还可以改善颧骨宽的问题，提亮的位置可吸引观者大部分的注意力。这位明代仕女真是一位美妆高手，根据当时流行的妆容配合前朝留下的装饰方式，为自己做了相当合适的造型。

章二

从仕女画中看妆容细节

一、娥娥玉容泛清镜·白妆

底妆是非常重要的，是眉妆、眼妆和唇妆的基础。底妆基本上是使用白色的妆粉涂抹的，使肌肤变白，犹如白雪、白玉，然后染胭脂作为红晕。底妆的主色是白色与红色，个别加有浅黄色、绿色或紫色等。

古人精心制作出雪白、细腻的粉（米粉、铅粉和蛤粉等，其中铅粉又称铅华或胡粉）供美人涂抹，使其肤色白皙，宛然如玉。先秦时，东周楚国文学名家宋玉所作《登徒子好色赋》中写一名女子："东家之子，增之一分则太长，减之一分则太短；著粉则太白，施朱则太赤；眉如翠羽，肌如白雪。"这位姑娘的面容和身材都恰到好处，不能增加或减少半点；肤色不能用粉涂抹，否则就太白了，不能用朱涂抹，否则就太红了；眉毛天然如翠羽，肌肤净白如雪。这也从侧面说明了当时的女子以粉饰面是最普通的化妆程序。

春秋战国时期崇尚以白粉敷涂的白妆。楚国屈原在《大招》中说楚国的宫人："粉白黛黑，施芳泽只。"女子在楚王深宫内的时尚打扮就是涂白脸庞，加画黑眉，又用香料，使周身散发香气。现存的《人物龙凤图》中，女子脸上的白妆和黑眉是很醒目的。

汉代仍然流行类似的妆容。《汉书·礼乐志》载宫廷中的《练时日》祭歌"众嫭并，绰奇丽，颜如荼，兆逐靡"，讲的是祭祀之时，受祭的众嫭（众多美好的神灵）莅临人间，美丽的脸容皆洁白，望上去如一片荼花摇曳（荼就是"如火如荼"的荼，为茅草的白花）。

东晋王嘉所作的志怪小说《拾遗记》有"常称玉之所贵，德比君子"，载三国时蜀国君主刘备，特别珍爱一尊白玉美人像，常把它与自己宠爱的甘夫人作比较，表现出刘备对白玉美人的珍爱之情，认为玉之纯洁宛如君子之德。《礼记·聘义》中载有孔子的话："昔者君子比德于玉焉，温润而泽，仁也。"所谓君子如玉，表达了对人的品德的肯定之意。

南北朝，直到隋唐、宋朝，白妆在很大程度上让位于红妆了，但还是继续在宫廷与富豪之家流行。唐《中华古今注》追溯说："梁天监中，武帝诏宫人梳回心髻，归真髻，作白妆、青黛眉。"南北朝时的梁武帝宫廷内，宫人画的就是白妆和青

元代永乐宫壁画中捧灵芝的玉女

黛色眉毛（蓝青色眉）。《中华古今注》又说唐代杨贵妃作"白妆、黑眉"，这位著名的唐宫美人，有时候作唐代最盛行的、显眼的红妆，有时候作白妆。诗人白居易写下的咏她与唐玄宗爱情故事的《长恨歌》有"玉容寂寞泪阑干，梨花一枝春带雨"，就是以带雨梨花比喻含着泪、作白妆的她。这是在马嵬坡事变发生后，玉环与玄宗分离、隐居在蓬莱仙山的形象，此时的白妆尤其显得寂寞，更隐喻着一抹哀婉。

李煜所作《玉楼春》中"晚妆初了明肌雪，春殿嫔娥鱼贯列。笙箫吹断水云开，重按霓裳歌遍彻"，咏的是宫廷夜宴，嫔妃们鱼贯列在春殿堂上，一个个肌肤如雪；乐人以笙箫奏响《霓裳羽衣舞》，歌女高声歌唱。白妆在夜晚筵席的璀璨灯烛间愈加显眼，符合表现唐明皇梦里遨游月宫，见到百千名羽衣仙子歌舞景象的意蕴。

唐诗宋词里常用"玉人""玉颜"等词代指美丽的女子，也常使玉人与梅花、梨花等相映衬，以表现自己高尚的情怀，如北宋诗人晁补之的《行香子·梅》等词。

到元代，山西芮城永乐宫道教壁画中的一些玉女，妆容整洁，容光焕发，宛如玉颜，更显稳重、大方。

素妆

素妆是白妆的一种，妆粉涂得很薄，更显淡雅。

唐代周昉的《簪花仕女图》中，仕女穿着轻薄的红罗衫，素妆十分干净，与衣衫形成色彩上的醒目对比。

宋代陈允平的《侧犯·晚凉倦浴》一词有"晚凉倦浴，素妆薄试铅华靓。凝定。似一朵芙蓉泛清镜"，描写佳人素妆宛似一朵白色芙蓉花映在镜内；又有"冰肌玉骨，衫体红绡莹"，描写佳人素妆恰与身上所穿的红绡轻衫相映衬。

宋代盛师颜《闺秀诗评图》，美国弗利尔美术馆藏

共享资源验证码：**55385**

清代改琦《麻姑献寿图》局部，加拿大皇家安大略博物馆藏

宋代金朋说在《茉莉吟》中也道："一种秋容淡素妆，西风吹破几枝芳。琼葩玉蕊金飙夜，疑是梅花入梦香。"茉莉花开似素妆女子。

河南省禹州市白沙宋墓一号墓出土了一幅梳妆图，画中一名女子正在照镜子，把团冠戴在头上；周围是捧着化妆用具的女子。她们的脸上都没有明显的腮红，可以说都是素妆。宋代吕胜己的《浣溪沙》咏素妆女子道："浅著铅华素净妆，翩跹翠袖拂云裳，傍人作意捧金觞。"

《闺秀诗评图》（作者相传为宋代盛师颜）中一名画闺女子坐在根雕坐榻上，手持诗卷在入神地阅读。她穿着浅青色的长披风，内着圆领袄，系着白罗长裙；颀长的脸庞，素妆，妆容明洁如玉，更显仪容不凡。这是一位富有诗书气质的女子。

明代画家唐寅绘有《嫦娥执桂图》，画中嫦娥的脸色柔白得就像月光，只是在眼眶和颧骨处染浅赭红色，唇部染朱红，又把下唇颜色加深，愈加衬出素妆的美。

清代仕女画家改琦、沙馥（学改琦所传画风）等人的仕女画，也多爱画素妆女子。改琦的《麻姑献寿图》，图中的麻姑是一位年轻女子，头顶盘着发髻（麻姑髻），簪着竹节形簪子和梅花枝；圆脸，浅红唇，淡淡的细如线的眉毛，妆面素净。和嫦娥一样，麻姑深具与浊尘世界格格不入的飘逸仙风。

改琦《记曲图》中的女子采用的也是素妆，画的是唐代以红豆记录曲谱的张红红。这是一位才华出众而又命途多舛的女子。唐代段安节《乐府杂录·歌部》载有张红红的故事。"尝有乐工撰新声未进，先印可于青。青潜令红红听于屏后，以小豆数合记其拍。乐工歌罢，青入问，云：'已得矣。'青出云：'有女弟子曾歌此，非新曲也。'即令隔屏风歌之，一声不失。乐工大惊异。寻达上听，召入宫，宫中号曰'记曲娘子'。青卒，红红奏曰：'妾本风尘丐者，致身入内，不忍忘其恩。'因一恸而绝。"张红红有惊人的音乐才华，乐曲听一遍就能记住。有乐工唱歌，请韦青指教，韦青让张红红躲在屏风后偷听，用红豆排列，记录下曲谱，再歌唱出来，与乐工所唱分毫不差。那时候还没有成熟的乐谱，张红红能够用红豆记曲，实在是太惊人了。不久，皇帝听说了此事，把她召入宫内侍奉，她因此也被称为记曲娘子。韦青辞世，她因悲伤过度而死。

改琦画张红红，肯定是深入了解了史籍中所载的故事才下笔的。画中，她穿浅青色上衣，衣装淡雅；高髻，以绉纱窄带扎额；脸上化素妆，无腮红，唇是淡红色的，两道黛色细眉颜色也很淡。她斜倚桌边，桌上有一盏雁足灯，灯火摇曳，照见她目光垂下，含愁隐忧，似在长夜里暗自思念着远方的人。桌面上有一颗颗红豆，点明了她以红豆记录曲谱的才华，又暗含红豆相思之意。整幅图色调淡雅，表达了张红红情思缱绻的意态，使得此图不只是一幅简单的仕女图，更暗含耐人寻味的深情。张红红虽是唐人，但若是化常见的唐代女子的红妆，会给人以欢快之感，那就完全不能突出她的情思了。

清代改琦《记曲图》，私人藏

薄妆

薄妆就是浅妆、淡妆，会在妆粉上淡淡地染上一层胭脂。此妆在宋代最为盛行，可显示宋人崇尚柔秀之气。五代顾闳中《韩熙载夜宴图》中奏乐的女子，南宋《浴婴图》中的女子，化的就是薄妆。宋代李嵩的《听阮图》中有一位女乐师，她弹奏着阮，浓黑发髻间有一支镶嵌了珍珠的凤钗。她妆容明洁，鼻梁、前额和下颌处很白，其他部位略染胭脂。她的淡雅妆容和精细勾描的凤钗相得益彰。

宋代李嵩《听阮图》局部，台北故宫博物院藏　　　　宋代刘松年《宫女图》局部，东京国立博物馆藏

宋代佚名诗人《宫妆》诗中有"浅画娥眉薄傅腮，淡妆雅称寿阳梅。丁宁不用梳高髻，勾引朝臣谏疏来。"写的是皇帝身边的宫女，浅扫娥眉，脸颊淡染胭脂，雅称寿阳梅妆（宫妆的一种）。皇帝叮咛她们不要梳很高的发髻、打扮得很奢侈，免得引得大臣进谏。

宋代刘松年的《宫女图》，画宫中妃子坐在园苑花树下观赏舞姬跳舞。妃子梳着三鬟髻，戴着凤钗，穿着襦裙，显得十分华贵。她的脸上化着淡妆，脸庞洁白，微染胭脂。在她身边站着的一位侍女化的也是这类妆容。

又有《宫沼纳凉图》，画宫苑里莲花池中盛开着红白莲花，一位穿着浅色半袖襦裙的女子坐在池边纳凉。桌上设有盛着冰块、果品、酒壶和酒瓶的大盘子，和南宋周密《武林旧事》所载宫廷中炎夏纳凉时"池中红白菡萏万柄""蔗浆金碗，珍果玉壶，初不知人间有尘暑也"的场景完全吻合。女子身边有侍儿持凤凰纹扇，也暗示了她作为嫔妃的尊贵身份。这位女子的脸部柔和圆润，淡染脂粉，亦作了典型的薄妆。

这类妆容也影响了神仙题材的绘画。南宋画家张思恭画有著名的《猴侍水星神图》，画的是水星女神。女神手执纸笔，身边有猴子（水星的标志）捧砚。她头戴金冠，冠上也有猴纹，身穿缀羽袖长衣，加披云肩。她面容圆润，长眉略挑，神采飞扬。细看她的妆容，两边脸颊淡染胭脂，而额、鼻和下颌净白，并无艳丽色彩，也是典型的薄妆。此外，藏经洞出土的符咒上画的唐代水星女神图像，女神也穿着云肩、缀羽袖的黑色长衣和长裙，但脸上染着鲜明的红彩，与《猴侍水星神图》中女神的妆容全然不同。

南宋《宫沼纳凉图》局部，台北故宫博物院藏

南宋张思恭《猴侍水星神图》局部，美国波士顿美术博物馆藏

裸妆

清代的《深柳读书堂十二美人图》组画，是曾经陈设在清代圆明园中的宫廷画作，画的是12位不同季节背景中的女子，其妆容都类似于今日的"裸妆"。"裸妆"本指裸露肌肤、不化一点儿妆，不涂脂粉，后来引申为妆容薄而轻透、清雅，无鲜艳色彩，几乎无化妆痕迹可寻。正所谓化妆的最高境界是看不出化妆的痕迹。

《深柳读书堂十二美人图》中使用的画技是高明的，十二位美人各有风采，细节逼真。她们的妆容类似于今日的裸妆，只敷一层薄粉，再用极淡的彩脂点染脸颊和眼窝，前额、鼻梁、人中、下颌和眼眶都显露白色薄粉，只与脸颊、眼窝处的淡红彩有细微的差别，但立体感很强。化妆时先化底妆，再画眉、眼和唇，色彩不浓烈，看上去似乎天生就是如此。这是清代十分流行的妆容。

清代《深柳读书堂十二美人图》局部，
北京故宫博物院藏

二、胭脂鲜艳花之颜·彩妆

在白妆基础上，可以进一步用红彩来装扮，称红妆。古人最初用朱砂，汉代后采用由西域传入的红花（菊科的红蓝花）等植物的花汁做胭脂。红花的传入和栽种，利用红花制作胭脂和口红，各种胭脂和口红的形态，以及女子对胭脂神的崇拜，对胭脂神虔诚的祭祀等在古诗文和古代农书中均有详细的记载。

例如，秦代宫中女子梳洗时，胭脂会随水流入河中（唐代杜牧《阿房宫赋》有"渭流涨腻，弃脂水也"，写侍奉始皇帝的宫女人数太多，她们洗面后倾倒胭脂水，居然使得渭水都涨起来了）。南朝皇帝的妃子也曾经在井中留下胭脂斑痕。

元代谢宗可的《胭脂》道出了女子在雪白粉面上用胭脂化妆的韵致："仙花和露捣芳尘，驻得宫娥不老春。香晕红潮生玉颊，暖融绛蜡点樱唇。渭流涨腻人应远，宫井留斑恨愈新。镜倚绿窗娇梦醒，素纤微蘸晚妆匀。"胭脂是以红花捣碎制成的，可涂在脸颊上染出红晕，又可伴蜡制成蜡胭脂，作为口红点染嘴唇。

历代仕女的红妆在仕女画中皆有反映。虽然只有基本的红白两色，却是精心调配，深浅各异。

《诗经·秦风·终南》有"颜如渥丹"之句，说的虽然是男子面容宛如涂抹了朱砂一般红润，但也说明当时很流行以朱砂装饰面容。

汉时诗歌名篇《古诗十九首·青青河畔草》写一名女子从园苑里的窗户中露出姣好的面容，为红粉之妆，用粉妆面，涂以浅红："青青河畔草，郁郁园中柳。盈盈楼上女，皎皎当窗牖。娥娥红粉妆，纤纤出素手。"西安曲江西汉壁画里的女子，粉白脸庞上泛出红晕，涂红艳口脂，也是这类红妆。伶玄撰写的《飞燕外传》记载："为卷发，号新髻；为薄眉，号远山黛；施小朱，号慵来妆。"东汉成帝的皇后赵飞燕之妹赵合德，喜欢在脸上施小朱，即染上少许朱红色，色彩不够饱满，有些许慵懒之感，为"慵来妆"，也是此类妆容。卷曲的发丝，淡淡描画的如远山的黛眉，显得浅淡柔顺。

唐代国势鼎盛，人们精神饱满，胸襟开阔，面妆喜欢以夺目、炽热的红彩为主，在历代面妆之中最为醒目，直接折射出了盛唐花团锦簇、生气昂扬的精神面貌。

唐诗里屡屡写及红色夺目之妆。例如，李白"红妆欲醉宜斜日，百尺清潭写翠娥"写的是园苑中游玩的红妆女子。刘驾"路傍豪家宅，楼上红妆满。十月庭花开，花前吹玉管"写的是富豪之家楼上坐满红妆女子，在满庭花前奏乐。王仁裕"红妆齐抱紫檀槽，一抹朱弦四十条"写的是红妆乐女演奏琵琶。

红妆也出现在深院闺阁之中。女子面对园中花开花落，思念情切，而所思念的人不来，对镜细看红颜，触动无限春愁。元稹《恨妆成》有"最恨落花时，妆成独披掩"，写的正是红妆化成，无人欣赏的愁绪。 李频"红妆女儿灯下羞，画眉夫婿陇西头"写红妆女子思念在远方戍守的夫君。薛昭蕴"愁极梦难成，红妆流宿泪、不胜情。手挪裙带绕花行，思君切、罗幌暗尘生"写愁梦难成、红妆泪流。

女子化着红妆，若有伤心事，泪珠滚落妆面，染上了红彩，便是红泪。红泪最早指魏文帝曹丕所爱的美人薛灵芸（后改名夜来）流下的泪。东晋王嘉《拾遗记》载，当她离开父母入宫时，伤心难舍，泪流不止，泪水落在一只玉唾壶中，成了红色。想来是泪水染上了她脸上抹的胭脂，所以显出了红色，却又似她悲伤得血泪涟涟。红泪后来泛指伤心之泪、美人之泪，但泪水不一定就是红色的。

女子化着红妆，若是沁出汗珠，有红汗之称。王仁裕所撰《开元天宝遗事》记载："每有汗出，红腻而多香。"杨贵妃在夏天时出汗很多，汗水是红色的，显然她也多化红妆。

唐代《妆台记》写美人的化妆法："美人妆：面既施粉，复以燕支（胭脂）晕掌中，施之两颊。浓者为酒晕妆，浅者为桃花妆；薄薄施朱，以粉罩之，为飞霞妆。"红妆以红彩晕染两边脸颊，由深到浅、由厚到薄，各有不同。

醉妆

房陵公主墓壁画中宫女的妆容很有意思，腮部和颧骨全染红，颜色夺目，再用深红色画出嘴唇，这便是如酒醉一般的酒晕妆。这种妆容在红妆中色彩最浓，也称醉妆。宫女的上眼线（凤梢）也染了一抹浅红，连两边的耳朵也染了红晕。这说明唐代仕女画家张萱画仕女时喜欢以朱红色晕染仕女耳根的画法，并非毫无由来。（元代《画鉴》载张萱的技法特点为"画妇人以朱晕耳根"。）

新疆阿斯塔那 187 号唐墓出土了唐代绢画《弈棋仕女图》，修复后可以清楚地看到画中的仕女头挽高髻，脸庞丰肥，面妆以白粉为底，染以红彩，衬朱唇、浓眉，这属于醉妆。

阿斯塔那 230 号墓出土的《舞乐屏风图》中的女子采用的也是此类妆容。她颧骨处的颜色染得最浓，再逐渐晕开，这说明红彩不是毫无变化的。有时胭脂还可与朱砂调和成暗红色或殷红色，使得妆容的色彩更深。

房陵公主墓壁画

唐代《弈棋仕女图》，新疆维吾尔自治区博物馆藏

唐代李宪墓壁画·醉妆

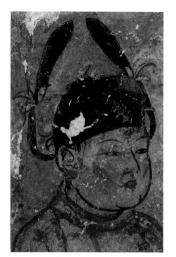

五代冯晖墓壁画·女竹竿子

唐代李宪墓壁画中的一些女子的脸颊画满红色，凤梢上也染着红晕，同为醉妆。

醉妆在唐代、五代和宋代较为流行。陕西彬县五代冯晖墓中有多件砖雕，画面为乐舞队在表演柘枝舞。壁画上，乐舞队的领头者戴着幞头，手上拿着竹竿，作为舞队指挥（古代称"竹竿子"）。南宋史浩记载柘枝舞演出，也有竹竿子指挥。其中这位女竹竿子，手拿竹竿，头戴幞头，以花叶为饰，腮部染着胭脂，耳垂染红，画的正是醉妆。

醉妆也见于蜀地。《新五代史·前蜀世家》中写五代时王建在蜀地建立前蜀，其第二代君主让宫女、妃子戴着金莲花冠，穿着道袍，在花柳间巡游。举办酒宴，宫中女子喝醉了便把发髻松开，缕缕披垂，还要配上浓重的醉妆，真是绮丽夺目。"皆戴金莲花冠，衣道士服，酒酣免冠，其髻鬘然。更施朱粉，号醉妆。国中之人皆效之。"北宋小书《蜀杌》写王衍的妃子："皆夹脸连额，渥以脂粉，曰醉妆。"王衍还自制了一首醉妆词，让人歌唱："者（这）边走，那边走，只是寻花柳。那边走，者边走，莫厌金杯酒。"真是一派奢华气象。

清代诗人范鹤年的《殢人娇·美人红颜》，专咏少女醉妆，宛似海棠、芙蓉、桃花之花色，醉时比桃花色稍淡，睡醒后似羞非羞，脸上泛起红晕。或许，这种醉妆比奢华的宫苑气象更令人喜爱。"国色朝酣，天香夜染。谁似我妆台人面。海棠一捻，芙蓉两瓣。酒醉后比将桃花微淡。绿鬓兰膏，紫绡珠汗。水浸透春红一半。粉香留枕，脂香印腕。睡起后似羞非羞难辨。"

桃花妆

用胭脂与白粉可调成近似桃花花色的粉红色，可用于化桃花妆。顾恺之《女史箴图》中的女子，新疆阿斯塔那 230 号墓绢画中的舞姬，新疆阿斯塔那 206 号墓出土的唐代女俑，都化着桃花妆，皆以淡红色胭脂晕染脸颊，不会过于浓艳。

清代李渔的《闲情偶寄》载："桃之未经接者，其色极娇，酷似美人之面，所谓'桃腮''桃靥'者，皆指天然未接之桃。"桃花天然韵色，人们取其色染妆，自不足为奇。

《红楼梦》中，林黛玉写下《桃花行》长诗，也正是写桃花与美人面色相映，桃花与美人共比，花和人的命运一样。其中有句："天机烧破鸳鸯锦，春酣欲醒移珊枕。侍女金盆进水来，香泉影蘸胭脂冷。胭脂鲜艳何相类，花之颜色人之泪。若将人泪比桃花，泪自长流花自媚。"这灿烂而开的花朵之色，恰如美人红泪一般鲜艳。

清代陆求可《点绛唇·佳人腮》一词写佳人清晨起来洁面，面对青铜镜，以上好的木瓜粉上妆，妆容宛如霞光、桃花之红，这便是将木瓜熏香的妆粉涂在脸上后再加上红彩的桃花妆。"朝沐兰汤，芙蓉出水霞光绕。青铜皎皎，对面齐开了。角枕初离，一线红生巧。香缭绕。木瓜粉好，妆得桃花小。"

东晋顾恺之《女史箴图》局部，大英博物馆藏

法海寺明代壁画·菩提树天

飞霞妆

　　飞霞妆是先在脸上染浅红胭脂（比淡妆深一些），再薄敷一层白粉。南朝梁王淑英妻刘氏（亦写作王淑英妇）的《赠夫诗》道"妆铅点黛拂轻红，鸣环动佩出房栊"，写的就是红彩拂于脸上之美。直到宋代、明代，还有这类妆容。明代建造的法海寺中精美的壁画由宫廷画师所绘。画中有一位手捧琉璃牡丹花盆、另一手拈起一朵鲜花的天女，还有仪态从容、宛如华贵夫人的菩提树天，都是婀娜美妙的女性形象，其妆容都是在洁净的白妆中透出红晕。

三白妆

红妆中有三白妆，即额头、鼻梁和下颌都涂成白色，脸颊染红，这是常见的古典妆容之一。有时两侧鼻翼染红，只在鼻梁上染白。鼻子、下颌和额头似有高光，体现出了立体感，鼻子也会显得更高。三白妆深受人们欢迎，至今在戏曲舞台上还能见到。

唐代张萱的名画《虢国夫人游春图》，表现的是杨贵妃的姐姐虢国夫人在许多女子的簇拥下外出春游的场景。虢国夫人觉得自己天生美貌，就像《登徒子好色赋》里的东家姑娘，脂粉只会玷污自己的美丽，所以她只是淡扫蛾眉。其他女子则都化了三白妆，额头、鼻子和下颌淡染白粉，其余部分以胭脂轻晕，妆容十分协调。

唐代《唐人宫乐图》中饮茶、听乐的宫中嫔妃的妆容也是三白妆。但较为少见的是，女子还在两边的鬓角处涂一道白，等于把脸部框了起来。虽然这样可使脸庞显得修长一些，却又好像是戴了面具一般，与《虢国夫人游春图》里的女子协调的妆容相比要逊色一些。

唐代张萱《虢国夫人游春图》局部，辽宁省博物馆藏　　唐代《唐人宫乐图》局部，台北故宫博物院藏

明代唐寅《王蜀宫伎图》局部，北京故宫博物院藏

　　明代唐寅有一幅仕女画名作《王蜀宫伎图》，取材于五代前蜀的君主王衍命宫中嫔妃戴金莲冠、穿道衣、化醉妆的故事。画上有唐寅题诗："莲花冠子道人衣，日侍君王宴紫微。 花开不知人已去，年年斗绿与争绯。"画中女子皆戴莲花形发冠，穿云霞、百鹤纹道衣，符合历史记载。女子的妆容采用的是三白法，脸颊呈现不深不浅的红，无明艳之腮红。画中的三白妆比较特殊，额头只画了上半部分，这也是唐寅标新立异之处。

晕红妆

不深不浅的晕红妆，比桃花妆深，比醉妆淡，又称丹红妆。温庭筠在《靓妆录》
写道："晋惠帝令宫人梳芙蓉髻，插通草五色花，又作晕红妆。"清代小说《林兰香》
中写道："大娘常作桃花妆，二娘常作晓霞妆，三娘常作晕红妆，四娘常作酒晕妆。"
唐代《唐人宫乐图》、宋代《却坐图》和唐寅《王蜀宫伎图》中的女子都使用三
白法，把鼻梁、前额、眼皮、耳垂和下颔染成粉白，其他部位染红，近乎赭色。
一些保存下来的明代皇后的画像（如仁宗的诚孝昭皇后像、宣宗的孝恭章皇后像、
武宗的孝静毅皇后像、神宗的孝端显皇后像等）中人物也都化此种妆容。

明帝后像册·孝恭章皇后，台北故宫博物院藏

唐代张萱《捣练图》局部，美国波士顿美术博物馆藏

檀晕妆

古诗里还吟咏了一种檀晕妆，妆品采用的是檀粉。檀粉是用胭脂和白粉调和制作成的浅粉红色的妆粉。因为这浅粉红色似檀木的檀色，所以叫檀粉，檀粉涂在脸上呈轻淡水红之色。明代杨慎在研究词学的《词品》一书里收有"檀色"一词，专门解释诗词中屡屡提及的这一色彩。

檀粉、檀晕，常与清淡荷花、梅花等的花色相联系。北宋杜衍的《雨中荷花》道："翠盖佳人临水立，檀粉不匀香汗湿。"雨里荷花宛如佳人香汗淋漓，把妆面的檀粉打湿了。苏轼也曾以檀晕妆来形容梅花。

唐代名画家张萱的《捣练图》中捣练劳作的女子，在额头、鼻梁、下颌和耳朵处皆以白粉敷涂，脸颊、眼眶直到眼窝，以及耳朵下部，都轻染淡薄檀粉，便是纯净的檀晕妆。周昉《挥扇仕女图》中的仕女采用的也是此妆容。宋代《宋仁宗皇后像》中皇后和宫女的妆容也是在此类檀晕妆的基础上加以变化的。清代冷枚《雪艳图》中探梅女子的妆容也属此类。

赭面妆

　　白居易《时世妆》一诗所咏的赭面妆，以赭石粉涂面，搭配乌唇和"八"字形眉，似含有悲哀、啼哭之意。吐蕃壁画中就有化赭面妆的女子。

血晕妆

　　血晕妆比一般的红妆更奇特。宋代王谠《唐语林》载："长庆中……妇人去眉，以丹紫三四横约於目上下，谓之'血晕桩'。"其实这种剃去眉毛，以红色、紫色为主色的血晕妆也是有渊源的。陕西咸阳平陵曾出土十六国时期的女俑，她们的眼睛上下各画了一道圆弧。

青海乌兰县泉沟一号大墓吐蕃壁画

咸阳平陵出土的十六国时期女乐伎彩绘俑局部、陕西历史博物馆藏

《菩萨立像》局部，美国波士顿美术博物馆藏

双脸断红

还有一种双脸断红妆，是用圆形的红彩染在双颊处的颧骨部位，在唐代陶俑和绘画中都能看见。唐代元稹的小说《莺莺传》里写那多情少女莺莺"双脸断红"，文学研究专家徐士年先生说这就是两片红晕边缘不晕开的妆容。新疆阿斯塔那76号唐墓出土的《伏羲女娲图绢画》中，女娲脸上就有此妆容。敦煌绢画《菩萨立像》右侧题有"开元三年八月佛弟子孔威"，左侧还写着"敬造 供养"4字。图中菩萨的脸颊上画着圆圆的红彩。

内朴妆

内朴妆指的是素淡雅致的妆容。宋代词人贺铸（贺方回）《蝶恋花》词咏及："小院朱扉开一扇。内样新妆，镜里分明见。眉晕半深唇注浅。朵云冠子偏宜面。"写的就是内朴妆。明代杜堇《仕女图》中女子化的就是内朴妆。

内朴妆效果素淡。历代素淡妆、红妆，由浅到深，能体现出人物不同的气质。浓艳者，热烈如火；素淡者，端庄清俊。妆容变化繁多，应随仕女本人个性、喜好或时代风尚而定，也要和头上簪花、所穿衣裙、所处的环境相衬。可以通过仕女画了解这些艺术规律。如果女子头上簪有牡丹等花，所穿的衣裙色彩又较为鲜艳，则妆容宜淡一些。周昉《簪花仕女图》中的女子就是如此。新疆阿斯塔那230号墓出土的绢画中的舞姬，化着淡红桃花妆，穿着石榴红长裙，形成深浅对比。如果女子化醉妆等浓妆，则衣裙之色宜淡雅。如果女子在冬日里徜徉于白梅花林，雪花飘飞，四周花景已然素洁无尘，则妆容也适宜素雅，不宜夺目。清代冷枚的《雪艳图》就是如此。

明代杜堇《仕女图》，上海博物馆藏

《舞乐屏风图》舞姬，新疆维吾尔自治区博物馆藏

紫妆

古代女子除了白妆和红妆，还发明了各种颜色的彩妆，各有新奇之处，至今仍吸着人们，其中紫妆就是其中一种。

晋代崔豹《古今注》记载："巧笑始以锦衣丝履，作紫粉拂面。"魏文帝曹丕时的宫女巧笑喜欢用紫粉修饰面部，作紫妆。据北魏时贾思勰《齐民要术》一书所载，紫粉是用米粉、铅粉，再加落葵子的汁水制成的。落葵又称蘩露、藤菜或胭脂菜等，是一种很常见的草本植物，叶子可以拿来做菜，开浅粉白色小花。结子累累，呈紫黑色，成熟时内含深紫红色的汁液，是很好的妆品原材料。

黄妆

黄妆是用黄粉涂面、涂额，也称额黄、鸦黄，或称宫黄、约黄。黄粉因其色与黄莺的毛色相似而得名莺粉。凡是黄色的粉，如松花粉、栝蒌粉，或矿物黄石脂粉，都可以用来制作黄粉。

唐代诗人皮日休的《白莲》有句："半垂金粉知何似，静婉临溪照额黄"，写的是白莲花里有金黄色的花粉，就像南北朝时将军羊侃家善跳采莲舞的美人张静婉在照着溪水，水中映出她的额黄。唐代诗人王涯的《宫词》有句："内里松香满殿闻，四行阶下暖氤氲。春深欲取黄金粉，绕树宫娥著绛裙。"皇宫里的松树在春天天气温暖时开花了，香味飘散，宫女可以采摘松花穗，晒干，制成黄粉。松花粉既可以入药、做辅食，又可以化妆用。

唐代温庭筠的《南歌子》咏女子化妆有"扑蕊添黄子，呵花满翠鬟"之句，写的是将花蕊上的浅黄花粉取下，获得"黄子"粉，画额黄或黄眉，或画花黄（又称蕊黄）。唐代李商隐的《宫中曲》中有"赚得羊车来，低扇遮黄子"，写宫女看见皇帝坐着羊车来了，用扇子遮住以"黄子"粉妆饰的面容。黄子，本指黄石脂，是一种黄色黏土类矿物。葛洪的《抱朴子》道："石中黄子所在有之，沁水山尤多。"《文选·张衡·南都赋》有"中黄瑴玉"之句，李善注引晋代张华《博物志》道"石中黄子，黄石脂"。根据诗意，黄子指化妆用的黄石脂粉。黄石脂在自然界比较多见，取来化妆也容易。当然，黄子粉不一定都是黄石脂粉。

黄粉的制作过程一点儿也不复杂，黄妆也很普及，在南北朝时已经屡有记载。南北朝时的诗文、绘画中常有额黄。南朝梁简文帝的《戏赠丽人》有句："丽姬与妖嬈，共拂可怜妆。同安鬟里拨，异作额间黄。"一群美丽的女子一起化妆，画出楚楚可怜的形象，发鬟上都插着拨子（一种发饰），但额前的额黄形状有所不同。

在唐代、宋代，额黄也很常见。诗人温庭筠的《偶游》："云髻几迷芳草蝶，额黄无限夕阳山。与君便是鸳鸯侣，休向人间觅往还。"写偶然出外游玩的女子梳着高高的云髻，迷住了芳草蝴蝶；她的额头上涂染着浅黄、迷离之色，配着小山眉，宛如无限美好的夕阳山色；与这样的佳丽一起自然就是一对鸳鸯侣伴，再不用返回人间。

王涯的《宫词》也道："一丛高鬟绿云光，官样轻轻淡淡黄。为看九天公主贵，外边争学内家装。"唐宫公主身份尊贵，梳着高高的发鬟，以轻淡黄彩涂抹额头，正是所谓的内家妆、宫妆，引得民间的女子争相效仿。

南北朝时北齐杨子华的名作《北齐校书图》中也有额黄。《北齐校书图》画的是北方天保七年（公元 556 年），文宣帝高洋命当时著名的文士校刊国家收藏的儒家经典的情景，现存宋摹本。图中分 3 组安排人物，在校对书刊的士大夫间，分布着 7 名侍女（当是宫女），皆身段婀娜，神态恭谨，有捧杯的、拎着酒壶的、执书卷的、举着凭几的、抱着靠垫的。侍女额头上半段画有淡黄色，逐渐向下晕开；额头下半段为白色，延伸向鼻梁，下颌微白；脸颊微染脂粉。这是只化了一半额黄妆，可显得脸部更有立体感。

古诗文里还常把有金黄色花蕊的牡丹、桂花、菊花、蜡梅和水仙等花朵比作着额黄的女子，可见额黄之美。南宋陈允平的《酹江月·赋水仙》有句："汉江露冷，是谁将瑶瑟，弹向云中。一曲清冷声渐杳，月高人在珠宫。晕额黄轻，涂腮粉艳，罗带织青葱。天香吹散，佩环犹自丁东。"水仙花韵调高雅，诗人把水仙比作汉江边的女神和蕊珠宫的花仙。水仙花花蕊金黄、花瓣雪白，有长长绿叶，于是花仙就有着轻染的额黄，粉白的脸腮，有青葱的罗带摇曳，周身又散发着幽香。

《北齐校书图》局部，美国波士顿美术博物馆藏

墨妆

古代有一种奇特的墨妆，《隋书·五行志上》载"后周大象元年……妇人墨妆黄眉"。唐《妆台记》中也有："后周静帝，令宫人黄眉、墨妆。"有文人推测墨妆是将画眉的墨黛涂在额上，以此为美。明代张萱的《疑耀·卷三》载："后周静帝时，禁天下妇人，不得用粉黛，令宫人皆黄眉墨妆。墨妆即黛，今妇人以杉木灰研末抹额，即其制也。"明代于慎行在《谷山笔麈》中反对这个说法，认为墨妆是花黄之类的妆饰，或是用墨画眉，贴上花黄。

绿妆

古代还有绿妆，但可能仅用于表演，并不在日常生活中出现。秦始皇陵兵马俑中就出土了一个绿面俑，以绿色颜料涂满面庞。南宋王沂孙的《露华》词载"绀葩乍坼。笑烂漫娇红，不是春色。换了素妆，重把青螺轻拂"，写的是浅绿色的碧桃花盛开，却笑那么多烂漫红色花朵不是春色。碧桃花似以浅绿色染脸的女子。清代华岩的《绿牡丹》一词，写绿色的牡丹花如轻轻染上一层粉，再染上绿色："密地殷香团水魄，轻匀粉绿湛天华。"这些记载均可说明古代女子有绿色妆面。

蓝妆

蓝妆使用的是碧蝉花汁。碧蝉花，即鸭跖草，也称淡竹叶，是一种叶子似竹叶，开碧蓝色小花的野草，在我国分布很广。人们很早就注意到了它别致的花色。南朝宋郑缉之的《永嘉郡记》，就载浙江"青田县有草，叶似竹，可染碧。名为竹青，此地所丰，故名青田"。人们用丝绵蘸取它的花汁，贮存起来，用作画画的颜料，也可以给布料染色。若用来画灯笼灯身，夜晚点燃灯火的时候会更为明亮。它还可以作蓝色胭脂，明末方以智的《通雅》载："一种曰鸭跖草，即蓝胭脂草也。杭州以绵染其花，作胭脂，为夜色。"这种蓝花汁制成的蓝胭脂，想来也是适宜在夜晚使用的。它涂染在女子脸颊上，映着灯烛火，其偏蓝之色较红胭脂更为鲜丽。

三、远山花色眉黛奇·眉妆

　　画眉是基本的化妆技巧之一。媚字，就是女、眉合一，把眉毛画好了，妆容才能妩媚动人。"黛"字，上代下黑。（汉代《释名》："黛，代也。灭眉毛去之，以此画代其处也。"）把眉毛剃去，用黑色颜料代替，画上自己喜欢的眉形，比原有的眉毛更加美观。女子对眉毛巧加修饰，为自己增添了无限韵致。在漫长的妆容变迁史中，眉毛的颜色不仅有黑色，还有蓝色、青色、绿色、黄色、红色和檀色，在历代诗文中多有记述，绘画中也较常见。

　　"青"字实际上指好几种颜色，包括黑色（古诗里的青丝就是指黑发）和蓝色（如青天一词），也包括绿色（如青草一词），然后才是今天的青色。

各色眉毛

　　早在先秦时，女子就讲究眉妆。楚国的《人物龙凤图》中就有画着长眉的贵妇。《诗经·卫风·硕人》中描写卫庄公夫人庄姜眉眼灵动，用了"蛾眉"一词与"巧笑倩兮，美目盼兮"一句。

　　汉代女子的眉形有多种，长沙马王堆汉墓出土的女子木俑，穿曲裾深衣，画一字长眉。

　　汉武帝时期的宫人喜欢画八字眉。八字眉是将一字长眉略加变化，形如八字。湖北云梦大坟头西汉墓出土的女子木俑画的即八字眉。满城中山靖王刘胜及妻窦绾墓出土的长信宫灯，造型为宫女，该宫女画有两道细而长的眉毛，略呈倒八字形。

　　曲江西汉墓壁画中的女子，眉毛画得很高很宽，如两汉乐府《城中谣》所述："城中好广眉，四方且半额。"酒泉丁家闸十六国时期5号墓壁画中的一位女身羽人，作腾跃之状，两道又黑又浓的眉毛画在额上，显示出爽朗不羁的气概。

　　东晋葛洪辑录的《西京杂记》中说美人卓文君喜欢画远山眉："文君姣好，眉色如望远山，脸际常若芙蓉，肌肤柔滑如脂。"大约是如远山迢迢之淡薄蓝青色的眉。汉代著名的舞蹈家、皇后赵飞燕也喜欢画这种眉毛。

《汉书·张敞传》载有张敞画眉的著名典故。"又为妇画眉,长安中传张京兆眉怃(谓眉毛形状妖媚可爱)。有司以奏敞。上问之,对曰:'臣闻闺房之内,夫妇之私,有过于画眉者。'上爱其能,弗备责也。然终不得大位。"担任京兆尹的张敞是个追剿强盗十分得力的硬汉子,但对待妻子很温柔,常帮妻子画眉,被当时的古板之人认为是行为不检,上奏到皇帝那里,皇帝亲自问张敞是怎么回事。张敞说闺房里夫妻之间的事还有比画眉更私密的,皇帝这才没再追究,但也因为这件事,他再也没有得到重用。

· 青黛眉

先秦、汉代画眉用的黛,多是一种黑色矿物——石黛,即今天说的石墨。东汉时学者服虔的《通俗文》载:"染青石,谓之点黛。"明代李时珍《本草纲目》有"又有一种石墨,舐之粘舌,可书字画眉,名画眉石者,即黑石脂也",又有"石脂之黑者,亦可为墨,其性粘舌,与石炭不同,南人谓之画眉石。许氏的《说文》云:黛,画眉石也。"取石墨磨碾成粉,用胶液调和,使之凝结成块,使用时在砚台里碾成粉末,再用眉笔蘸取,就可以画出青黛眉。这种磨石墨粉的砚台就叫黛砚。

隋代的隋炀帝也留下了爱慕善于画眉的女子的故事。《南部烟花录》(亦名《大业拾遗记》)记载了隋炀帝幸广陵江都时的秘事,其中写到为炀帝牵挽龙舟的女子被称为"殿脚女",炀帝发现一位特别美丽的殿脚女吴绛仙,她爱画长蛾眉。炀帝特别喜爱她,封她为崆峒夫人,还把从波斯国进口的画眉用的螺子黛赐给她,称她的秀色可以抵御饥饿。这种从波斯国进口的螺子黛价格高昂,每一颗折合十金(十两银子),实在骇人。有学者认为螺子黛即青黛,明代李时珍《本草纲目·草部》早有记载:"波斯青黛,亦是外国蓝靛花,既不可得,则中国靛花亦可用。"青黛,是以蓼蓝、菘蓝类蓝草加工而成。在用蓝草制作蓝靛时,将其搅起的浮沫舀起来阴干,谓之靛花,制作成干粉末或加胶制成团块,也就是青黛。用它来画眉,眉毛的颜色为蓝青中带黑灰色。明末宋应星《天工开物》中有对类似的制作方法的记载。

明刊本《百美图》吴绛仙

明初《洪武正韵》载："青黛，似空青而色深。"清代郝懿行《证俗文》卷三"䵥"字条也有相关内容。"《西京杂记》：'卓文君眉色如望远山。'其非纯黑可知。后汉明帝宫人拂青黛蛾眉。青黛者，似空青而色深。石属也，如石青之类。"这里提了两种颜料：空青、石青。空青是孔雀石（石绿）的一种，又名杨梅青，翠绿色，可作绘画颜料。唐代张彦远《历代名画记·论画体工用拓写》说："山不待空青而翠，凤不待五色而绰。是故运墨而五色具，谓之得意。"这里就说了空青可以画出翠绿山色。石青则是一种蓝色碱性铜碳酸盐矿物，是国画中重要的蓝色颜料。当时可以将石青制作成青黛，也不排除古人有用空青碾成粉末制作眉黛的，但那就是翠绿色的黛了。

另外，北宋张君房编撰的《云笈七签·金丹部》载有一种"造石黛法"，是将用作红色染料的苏方木（苏枋木）加入蓝草汁制成，也为青黛一类，能画眉，但颜色是偏紫的蓝色："苏方木半斤，细碎之，右以水二斗煮取八升，又石灰二分著中，搅之令稠，煮令汁尽。出讫，蓝汁浸之，五日成用。"

美国汉学家谢弗在《唐代的外来文明》一书中写道，螺子黛应该是从产于地中海、大西洋海岸的骨螺分泌的黏液中提取的，主要成分是二溴靛蓝，呈鲜艳的靛蓝色。这种螺子黛原材料的提取很困难，需消耗大量骨螺才能获得少量原材料，而且要经过万里远路才能运到中国销售，其运输成本可想而知，所以才会这么贵重。

骨螺制螺子黛、靛花制青黛、石青制青黛和苏方木制石黛，它们都属于蓝青色系，容易画出卓文君、赵飞燕那样宛如远山的眉色。唐代李白《对酒》写女子施以青黛眉："青黛画眉红锦靴，道字不正娇唱歌。"

· 铜黛眉

比螺子黛稍便宜一些的是铜黛，呈铜绿色，是氯铜矿物的粉末，古人叫它绿盐或盐绿，有天然的，也有人工合成的。敦煌壁画中就有将其用作绿色颜料的例子。李时珍的《本草纲目·金石部》卷八记载："生熟铜皆有青，即是铜之精华。大者即空绿，以次空青也，铜青则是铜器上绿色者。"拿这类铜绿作黛来画眉，就会画出绿色的眉毛，即铜黛眉。

明代李时珍的《本草纲目》、宋应星的《天工开物》也简略记载了铜黛眉的制作方法。制得铜绿后就能将其用来作画、画眉。铜绿容易普及，其价格远远没有螺子黛高。

· **青雀头黛眉**

青雀头黛是东晋十六国时河西王沮渠蒙（活动在连通西域的河西走廊）传入的。北宋《太平御览》引《宋起居注》记载："河西王沮渠蒙逊，献青雀头黛百斤。"雀头，当时指我国所产的珍禽绿孔雀头上的蓝绿色羽毛。青雀头黛就是蓝绿色的眉黛。但由于古文记载不详，无法确知是何物，只能推测也是一种矿石，也能用于画眉。

· **绿眉**

绿眉在古诗文里有记述。宋玉《登徒子好色赋》中有"眉如翠羽"，吕向注"眉色如翡翠之羽"。这里指的是蓝绿色的翠鸟羽毛那样的眉毛。宋代高承《事物纪原》有"秦始皇宫中，悉红妆、翠眉"，写秦始皇宫中的宫女、妃嫔，所画的都是翠眉。晋代陆机《日出东南隅行》中有"蛾眉象翠翰"。唐代万楚《五日观妓》中有"眉黛夺将萱草色，红裙妒杀石榴花"，说端午节女子画着萱草叶色翠绿眉毛，与石榴花一般的红裙相映。

敦煌莫高窟 199 窟壁画菩萨图局部

在敦煌石窟塑像中和绢画中也可见画有两道细弯翠眉的菩萨。例如，敦煌莫高窟328窟的一尊菩萨像，一对弯月似的眉毛呈绿色，先画一道浓绿色，再用浅绿色晕开。莫高窟199窟壁画中的菩萨，面相丰满，画着石绿色双眉。江西赣州慈云寺塔发现的北宋彩塑菩萨像脸上，可看见眉弓上画有两道细细的绿色眉毛。

石绿色颜料，就是用孔雀石碾磨成的颜料，在壁画、工笔卷轴画中常用，应该也是女子画绿眉的主要颜料之一。若取孔雀石的空青拿来画眉毛，画出的眉毛也是绿色的。

金朝诗人李献可的《赋宫人午睡》："御手指婵娟，青春白昼眠。粉匀香汗湿，髻压翠云偏。柳妒眉间绿，桃嫌脸上鲜。梦魂何处是，应绕帝王边。"写一位宫女午睡时的媚态，匀粉妆面，乌发如云，眉毛翠绿连柳叶也妒忌，脸上桃红连桃花也会嫌太鲜艳。这绿眉与红桃色妆容形成绝妙的对比。宋代倪翼周的《青玉案》有"翠眉淡淡匀宫柳，比似年时更清瘦"之句，写女子眉似柳叶。

· 黄眉

南北朝时还出现了黄眉，《隋书·五行志》载后周时流行"妇人墨妆黄眉"。黄色眉毛，当是用各种黄色花粉（如松花粉）或矿物黄石脂粉来画的。

· 红眉

南朝诗人何逊的《咏照镜诗》道："聊为出茧眉，试染天桃色。"唐末罗虬的《比红儿诗》中写杜红儿画着鹦鹉喙一般的红眉毛，是自深宫传出的眉样："鹦鹉娥如裹露红，镜前眉样自深宫。"北宋词人柳永的《荔枝香》写女子画红眉："素脸红眉，时揭盖头微见。笑整金翘，一点芳心在娇眼。王孙空恁肠断。"

轻淡的檀色也可以画眉，叫作檀眉，属于红眉。五代花间派词人顾敻的《虞美人》一词，说女子用轻淡檀色画眉："浅眉微敛注檀轻，旧欢时有梦魂惊。"另一位花间派词人薛昭蕴的《离别难》也写女子画檀眉："良夜促，香尘绿，魂欲迷，檀眉半敛愁低。"

画眉新材料

眉黛不仅可以体现女性之美，还为历代诗文提供了典实。

唐宋以来的诗文中记载女子画眉开始使用一些新材料。

女子常使用灯花画眉。古代把灯芯草浸在油里，点燃后灯芯草不断燃烧，产生的灰烬在火焰内呈现花朵状，叫作灯花，剪下来碾碎成粉就可以用来画眉。唐代郑谷的《贫女吟》记载："东邻舞妓多金翠，笑剪灯花学画眉。"元代宋梅洞的小说《娇红传》中也写到娇娘将灯花剪下积存起来画眉用。明代陈汝元的杂剧《红莲债》第三折记载："一壁厢轻调金粉，一壁厢细和烟煤，点点的露滴蔷薇匀玉脸，淡淡的云横杨柳画青眉。"其中的烟煤即灯花，画出来的眉毛效果应该是不错的。

宋代出现了很精致的画眉专用的墨。南宋类书《事林广记》有"真麻油一盏，多着灯芯搓紧，将油盏置器水中焚之，覆以小器，令烟凝上，随得扫下。预于三日前，用脑、麝别浸少油，倾入烟内和调匀，其墨可逾漆。一法，旋剪麻油灯花，用尤佳"，使用灯芯草的油烟，调和油与香料，即可制成墨，后称"画眉集香圆"。

女子也可以烧柳枝画眉。清代郝懿行的《证俗文》载："今世画眉仍复黑色，皆烧柳枝为之；或取锤金乌纸，湮研涂画，止须对镜可作。"柳枝随处皆有，折来削尖，在火上烧黑成炭，就可以用来对镜画黑眉。这种柳木炭条今天仍被用来画画。不过，拿它画眉难画均匀。民国年间，有条件的女子都逐渐改买新式眉笔了。

锤金乌纸是一种用墨将纸染为黑色的乌金纸，制造工序复杂，在锤制金、银箔时用作垫铺，以防止金、银箔粘连，至今仍有生产。乌金纸可以剪成花样，作女子发饰；也可以浸湿后蘸取黑色，以画眉。

又有一种碧蝉花，也可作蓝青色的画眉原料。碧蝉花汁可以用来画灯笼，可以做蓝色胭脂，也可作为螺黛来画蓝翠色的眉毛和眼影。清代《芥子园画谱》中有一幅淡竹叶花图，上有沈因伯题诗，"不将脂粉斗妆新，远学青山染色匀。金凤钗头簪未称，黛螺宜付画眉人"，咏它作为画眉之黛，能画出蓝青色的远山眉，是向古代的卓文君学习而来，又隐含对画眉人的爱（引用张敞画眉的典故）。

明代沈榜的《宛署杂记》载宛平县西斋堂村（在今天的北京市门头沟区）出产画眉石："画眉石，西斋堂村多有之，离城二百五十里。石黑色似石，而性不坚，磨之如墨，拾之染指。金章宗时，妃后尝取之画眉，故名。"明代刘侗的《帝京景物略》、清代《钦定日下旧闻考》等书都有类似记载。其实这种石头也是石墨的一种，门头沟盛产煤炭，常共生石墨，并不难找到。《红楼梦》中也写了黛石，与女主角黛玉的名字密不可分，也就是由这种画眉之石引申而来的，曹公化而用之，形成旖旎情致。小说中，宝玉看见黛玉的"两弯似蹙非蹙罥烟眉（大约是涵烟眉一类），一双似喜非喜含情目"，便说："《古今人物通考》上说，西方有石名黛，可代画眉之墨。况这林妹妹眉尖若蹙，用取这两个字，岂不两妙！"因此他为黛玉取字"颦颦"。

眉形

唐宋时，女子的眉形较多。唐玄宗曾令画工整理总结女子的种种眉形，画出十眉图。明代杨慎的《丹铅续录》载："唐明皇令画工画十眉图。一曰鸳鸯眉，又名八字眉；二曰小山眉，又名远山眉；三曰五岳眉；四曰三峰眉；五曰垂珠眉；六曰月棱眉，又名却月眉；七曰分梢眉；八曰还烟眉，又名涵烟眉；九曰拂云眉，又名横烟眉；十曰倒晕眉。"但这些眉名也未能包含全部类型。

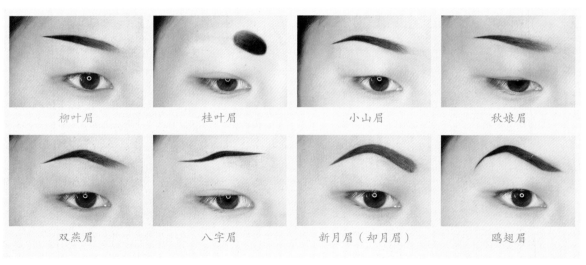

唐代眉形（一）

敦煌莫高窟
192窟壁画

礼泉郑仁泰墓
出土陶俑

乾献懿德太子墓
出土壁画

周昉
《簪花仕女图》

新疆阿斯塔那唐墓
出土绢画

西安羊头镇李爽墓
出土壁画

太原南郊金胜村墓
出土壁画

阎立本
《步辇图》

周昉
《挥扇仕女图》

新疆阿斯塔那
张礼臣墓出土绢画

长安县（今西安市长安区）
南里王村韦洞墓出土壁画

新疆阿斯塔那
张雄妻墓出土陶俑

敦煌莫高窟
130窟壁画

张萱
《虢国夫人游春图》

新疆阿斯塔那张氏墓
出土绢画

咸阳底张湾唐墓
出土壁画

唐代眉形（二）

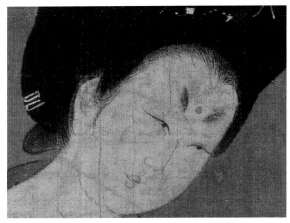

唐代周昉的《簪花仕女图》里脸庞丰腴的女子画的是两道浅蓝青色（近似黑色）的眉毛，即桂叶眉，是把自己的眉毛剃掉后在眉弓上较高的位置画出的。

唐代周昉《簪花仕女图》局部，辽宁省博物馆藏

内蒙古宝山辽墓出土的壁画《杨贵妃教鹦鹉图》中杨贵妃画的是弯细的黑眉毛，即却月眉。

《舞乐屏风图》中的舞姬画着倒晕眉，眉下部画一道白线，眉毛色彩较重，向外、向上晕开。同时，两道长眉尾部又分成多缕散开，结合了倒晕眉和分梢眉的画法。

《杨贵妃教鹦鹉图》壁画局部

《舞乐屏风图》舞姬，
新疆维吾尔自治区博物馆藏

清代文士徐士俊根据十种眉形作了十首诗，即《十眉谣》，以咏叹画眉之美。文士张潮的《十眉谣》小引，提到四位以眉著名的女子，即前述的庄姜、卓文君、张敞妻子和吴绛仙，令人思怀、心醉："古之美人，以眉著者得四人焉。曰庄姜、曰卓文君、曰张敞妇、曰吴绛仙。庄姜蝾首蛾眉；文君眉如远山；张敞为妇画眉；绛仙特赐螺黛。由今思之，犹足令人心醉而魂消也。"

宋杜太后像，台北故宫博物院藏

现存多位宋代皇后的半身画像或全身画像。从画中可看到诸位皇后的眉毛都经过精心修描，多画着细眉，但也有所变化：或如弯月而尾部微微挑起，如宋杜太后像上的细眉毛；或较平而长，如宋高宗皇后像上的眉毛。较特别的是，宋仁宗皇后全身像上的眉毛较长、较粗一些，眉下略有染晕；宋神宗皇后坐像上则画着两道粗眉毛，显得更为威严。

宋英宗皇后半身像上的眉毛则是晕眉，眉较阔，上部边缘画实，往下虚晕开来。宋仁宗皇后全身像中两位宫女画的都是倒晕眉，下部边缘画实，向上虚晕。温庭筠的《靓妆录》中说："妇人画眉有倒晕妆，故古乐府云'晕眉拢鬓'，又云'晕淡眉目'。"北宋苏轼《次韵答舒教授观余所藏墨》中有"倒晕连眉秀岭浮，双鸦画鬓香云委"，写可以用墨画出倒晕眉，如秀岭之色浮现，又能画出长长的鬓角。

元代皇后都把本来有的眉毛剃掉，再在额上画两道很长的一字眉。明、清皇后都画细眉，眉形略似小半弯弦月，变化很小。明成祖的徐皇后像就是典型。

明代唐寅《王蜀宫伎图》中女子的眉毛细长而眉头挑起，眉边又画出短而弯的淡淡细线，当是分梢眉的一种。

宋神宗皇后坐像局部，台北故宫博物院藏

明代仇英笔下的仕女有很美的眉形。《描眉仕女图》画闺中设着瓶花、帐幕低垂，妆台上摆着妆奁、眉砚和胭脂盒，旁边有两名侍女。有着一对细弯眉毛的女子在妆台前，对着镜子，用来遮盖镜子的镜袱已经掀开了。她一手拿眉笔，一手纤指捻着笔锋，似正在思索如何将眉毛画得更好，又似深含思虑，为不能见到心中的人儿而感到惆怅。这幅画正似诗人瞿佑的《美人画眉歌》所写，在妆阁中调胭脂、采灯花画眉的少女含情缱绻："妆阁晓寒愁独倚，蔷薇露滴胭脂水。粉绵磨镜不闻声，彩鸾影落瑶台里。镂金小合贮灯花，轻扫双蛾映脸霞。螺黛凝香传内院，猩毫染色妒东家。眼波流断横云偃，月样弯弯山样远。郎君走马游章台，惆怅无人问深浅。含情敛恨久徘徊，一脉闲愁未放开。侍女不知心内事，手搓梅子入帘来。"

改琦画的《麻姑献寿图》中麻姑梳着麻姑髻，以梅竹为发饰，圆润的脸庞上，眉毛细淡，如两道微斜向下的线条，配以浅淡妆容，更突出灵秀之感。

明代仇英《描眉仕女图》局部，私人藏

清代冷枚《春闺倦读图》局部，天津博物馆藏

　　清代画家冷枚的《春闺倦读图》，画一位大家闺秀手持诗卷，倚于书桌旁，身边设着花几，花几上有一瓶月季花。她妆面明净，两道眉毛纤细如弯弯半月，恰似清代诗人吴尚熹的《忆江南·美人眉》所述："横玉面，未语意含颦。一带远山增妩媚，半弯新月暗销魂。淡扫更宜人。"又似其《一剪梅·春日美人晓妆》词所述春日里倦怠慵懒，虽然画好了眉毛，如柳叶、如弯月，如玉环、飞燕之美，但也唯有默默沉思而已："养花天气困人时。风一丝丝，雨一丝丝。朝来独自倦迷离。膏也慵施，沐也慵施。强调羸黛画双眉。柳样相宜，月样相宜。对夳顾影默沉思。环也仙姿，燕也仙姿。"

清代禹之鼎《闲敲棋子图》局部，天津博物馆藏　　　　　　　乾隆主位喜容像局部，北京故宫博物院藏

　　清代禹之鼎的仕女画《闲敲棋子图》，绘穿一身水田衣的俊秀女子坐于室内，低首对着斑竹棋盘、凤足形铜灯，默默期待，而那早前约定前来会面的人儿却未曾到来。帘幕低垂，灯火默默跳动，灯花已经结出，女子手拈一枚棋子敲下，看灯花坠落，而那人仍然未来。身后水墨竹枝斜出，竹叶摇垂，似有雨意。此画所绘似宋代诗人赵师秀《约客》中"黄梅时节家家雨，青草池塘处处蛙。有约不来过夜半，闲敲棋子落灯花"的场景。画中女子画着长凤梢，长眉略有弯曲，即翠眉之状，盈盈明眸流露出期待、忧郁的神色，刻画得相当传神。注意她的眉毛是中间先画深黑一线，再略染粗，而后向两边画眉头、眉尾，都画得稍宽且较淡，避免太过呆板。

　　某宫廷画家所画乾隆主位喜容像上是较为写实的清代女子生活妆容，是给乾隆皇帝的某一位嫔妃生时画的肖像。画中的妃子作汉女装束，穿浅藕紫色的长披风、浅粉紫裙、立领袄子，挽发髻，插戴珍珠簪子与鲜花；面容清丽，粉面丹唇，两道细长眉毛，眉头画得较淡、较宽，眉尾画得细且尖，配以略画凤梢的杏仁眼，显得清瘦柔雅。

　　从这些画作中可以看出，古代画眉多是分深浅、分层次画成，不是一笔画成的，也不是从头到尾都呈浓黑色。正如唐代诗人白居易的《长相思》中"深画眉，浅画眉。蝉鬓鬅鬙云满衣"之意。宋代晕眉、倒晕眉是要分出浓淡的，明清的仕女画《闲敲棋子图》《深柳读书堂十二美人图》《柳下晓妆图》和乾隆主位喜容像中的女子，

清代陈崇光《柳下晓妆图》，南京博物院藏

细眉也都是分出浓淡的，这样画中仕女更显灵动。

清代孙云凤《沁园春·眉》中有"纤似蛾儿，翠分螺子，柳叶半弯。忆锦屏娇倚，月横秋水，绣衾慵起，雾锁春山。翻谱鲜新，入时深浅，女伴端详可否间。消魂处，向碧纱窗下，画了重看。含情醉拨幺弦。觉红泛桃腮黛更妍。但倾城一笑，舒来堪爱，捧心无语，颦亦增怜。秀衬风鬟，长侵云鬓，昔日文君欲比肩。风流甚，怕脂凝粉污，淡扫朝天。"与男性诗人的很多首咏画眉词不同，这首词是以女性的身份咏女性自己画眉，透出一股从容、自信的心劲，而不是画眉给张郎观赏之类的传统腔调。词中写了女性眉毛的形状，佳人在闺中的娇媚，眉黛与红妆桃腮的对比，可与昔日卓文君比美；女性就像唐代虢国夫人那样只要淡扫蛾眉就很美好，不用使用太多脂粉，这才是别样的真风流。

清代张芳的《黛史》一文，写明了画眉的6种好处。"其目有六：曰厚别、曰养丽、曰静娱、曰一仪、曰炼色、曰禅通。""厚别"指的是古代婚礼都在黄昏举行，新娘画眉让新郎辨别。"养丽"指的是美丽的眉毛在双眼之上，呈现美、巧的种种情态，如"倩盼之上，不示其巧，不见其美。而美巧之质，恒藉之以相全，其惟眉乎？"所述。"静娱"指的是女子认真画黛眉，以使自己愉悦；画好眉毛，修饰好自己的容颜，使之与四季风景相配。"一仪"指的是女子的眉毛具备"喜、颦、语、默，黛之四仪"，即"喧景含黄，黛之喜也。微云拂汉，黛之颦也。朱弦拂袖，黛之语也。清月翳林，黛之默也"。眉毛可以表达的情感很丰富，可以表达喜悦，表达颦眉之愁，表达丰富的语言，表达静默无言，这就是眉毛的仪态。"炼色"指的是女子和男子相交往要以礼、以深厚的恩情为主，而不是以眉毛之类的美色为主。"禅通"指的是看眉黛而可悟有无，可悟禅。

四、凤梢双眸剪秋水·眼妆

古代的仕女很重视眼妆。今天的眼妆包括勾画眼线、涂眼影、刷睫毛膏，其实这些步骤在古代眼妆中都有。在传统审美中，女子应有一对凤目（丹凤眼），化妆时就会有意强调上眼线，将其画深、画长，称凤梢。元代邵亨贞的《沁园春》有"漆点填眶，凤梢侵鬓，天然俊生"，咏美人目。凤梢，比今天说的上眼线一词更富有诗意。

汉代阳陵出土的女俑，其凤梢就画得很长。阳陵女俑挽着垂髻，衣服的各部分红色、白色和褐黄相映，十分美观；画着很长的凤梢，比眉毛还长一点，以突出美丽的凤目。著名的长信宫灯是一位宫女的造型。此宫女也有长眉和长凤梢，给人俏丽的感觉。

阿斯塔那古墓群出土的《舞乐屏风图》中，舞姬画着和长分梢眉相称的很长的凤梢。唐代周昉的《簪花仕女图》中仕女的凤梢较细长，不是很明显，但也是经过仔细勾画的。

今天的眼影在古代也有。陕西省礼泉县新城长公主墓壁画中，宫女子有把上眼皮染成淡红色的，这就是较为鲜艳的眼影。新城长公主是唐太宗幼女，壁画画于龙朔三年（公元663年），当时的时尚可见一斑。

《舞乐屏风图》中，舞姬在凤梢上紧挨着画白线，眼皮处则用淡红色向上晕染，逐渐晕染至粉白色。《弈棋仕女图》中，手拈棋子女子的眼妆采用的也是如此画法。这样的眼妆比较柔和，不会有突兀之感。

也有极为特别的眼影画法。陕西咸阳平陵附近出土的一组十六国时期的泥塑彩绘女乐俑，其眼睛

新城长公主墓壁画唐宫女局部

平陵附近出土十六国时期泥塑彩绘女乐俑局部，陕西历史博物馆藏

线条画得很重，又以赭色在眼睛上下各画弧线，突出了眼窝，颇似唐代的血晕妆。唐代诗人徐凝《宫中曲》也有"檀妆惟约数条霞"之句。在眼睛周围画上几条浅檀色线条，类似眼影，使眼睛更显深邃。宋真宗皇后像中，眼部、鼻梁上画有紫红色线条，有点像这款妆容。

宋仁宗皇后像中的妆容是宫妆的一种，十分精致。宋仁宗皇后画着略粗而长，呈晕眉效果的眉妆，眉上画一道白线，使得眉毛更突出；凤梢画得很长，沿着凤梢略染白，突出双眼皮效果；鼻梁两侧的颜色染得较深，眼窝和颧骨处也染着类似鼻影、眼影的胭脂；鼻梁、下颌和人中附近、两边脸颊和额头都染白，类似三白妆；特别突出鼻梁上的一道白线，营造立体感，就像今天化妆打高光粉一般，使鼻梁显得高挺。宋仁宗皇后用的高光粉可能是用云母制成的，有闪闪发亮的效果。

宋仁宗皇后两边各站着一名宫女，宫女的妆容也是宫妆的一种。她们画着一对倒晕长眉；鼻、额和下颌都染以白粉，近乎三白妆，立体感很强；鼻翼和眼皮处染得稍深，很像今天的鼻影和眼影；眼上的凤梢似今天的眼线。注意看，倒晕眉下、凤梢上，以及下眼线下，都画有一道淡淡的白线，起到视觉上放大眼睛、使双眸炯炯有神的作用。

在宋徽宗皇后像和宋高宗皇后像中，人物都于颧骨和眼皮处以淡彩晕染。

宋仁宗皇后像局部，台北故宫博物院藏　　　　宋仁宗皇后像上的宫女局部，台北故宫博物院藏

宋代李嵩《听阮图》中奏阮的女子，凤梢上也画有一道白线，用粉白逐渐向上染，眉下则接以赭色，是有层次的。唐寅《王蜀宫伎图》中的女子画深凤梢，上画一道赭色线，再用淡粉白晕染。凤梢、眼影的画法是相似的。

《深柳读书堂十二美人图》中12位女子，其接近"裸妆"的薄妆画得十分细致，也画有眉妆和眼妆，对凤梢、眼影加以强调，但绝无夸张之感，只是为了突出双眼皮，使眼睛显得更加明亮。《观书沉吟》中的女子，其凤梢画得深黑一些，紧沿凤梢略染白，再在上眼皮略加渲染。冷枚《春闺倦读图》《宫苑仕女图》中的女子也画有此类眼妆。

种种眼妆画法，都是描画凤梢，显出双眼皮的美，画出有层次、有晕色的效果，再把眼窝加深，使得眼睛更有光彩。但东方女子的脸庞偏平，历代古典妆容就在此生理基础上发展起来，绝不刻意去制造眼窝深陷、凹凸起伏的效果。历代妆容都极少用浓色，也极少作血晕妆那样的浓妆，凤梢也不会画得很粗。

中国传统妆容也注重修饰眼睫毛。山西高平开化寺北宋壁画中细致刻画了女供养人的眼睫毛。明代佚名《观音像》中，观音有柔美的圆脸，作飞霞妆，画两道细弯眉，眉心有一点红，朱唇如樱桃，凤梢颜色画得较深，眼睫毛翘起。

山西高平开化寺北宋壁画女供养人　　　　　明代佚名《观音像》局部

五、朱唇深浅假樱桃·唇妆

我国很早就重视唇部的化妆，楚国宋玉的《神女赋》写神女有长眉和朱唇："眉联娟以蛾扬兮，朱唇的其若丹。"汉代刘熙的《释名》有"唇脂以丹作之，像唇赤也"，写当时涂唇的唇脂（或称口脂）是用朱砂（也叫作丹砂、丹朱）碾碎，加蜡或油脂制成的。长沙汉墓出土了这种西汉时的朱砂油膏。

北魏时期的《齐民要术》记载，在牛髓、牛脂中加丁香、藿香可制面脂，再加以熟朱和之，青油裹之，就制成唇脂。唐代医药学家孙思邈的《千金要方》记载，甲煎唇脂是指以各种香料浸以酒水纳于乌麻油中，微火煎之，再和以蜜两升、酒一升煎熬数日，最后加入蜡、紫草和朱砂粉，倾入竹筒中，制成长圆条的口脂。香气袭人的口脂是女性喜爱的妆品，也适合作为送给心仪之人的礼物。晚唐的著名爱情小说《莺莺传》有"花胜一合，口脂五寸"，这便是张生送给莺莺的礼物。

唐宋时，口脂有了各种颜色。诗文里记有朱唇、绛唇（绛原意是浅红色）、檀唇和紫唇，还有石榴花瓣般浓红的石榴唇、桃红色的桃唇和深红色的樱唇等。唐代孟棨的《本事诗·事感》有"白尚书（白居易）姬人樊素善歌，妓人小蛮善舞，尝为诗曰：'樱桃樊素口，杨柳小蛮腰。'"樱桃之唇，既是指唇色饱满、艳红，也是指唇圆似樱桃果珠。元代于伯渊《混江龙》中写道"眉儿扫杨柳双弯浅碧，口儿点樱桃一颗娇红；眼如珠光摇秋水，脸如连花笑春风"，通过眉黛、红唇、眼神、含笑的脸庞来展示女子美好的神采。

唐代《外台秘要》记载的口脂就是以朱砂为主要原料，加入甲煎等香料制成的。若加紫草，就得紫色口脂；若加黄蜡、紫蜡各少许，则得肉色口脂；若加朱砂粉，就得大红色口脂。口脂至少有这3种颜色。唐代后也有用红花制的胭脂作口脂的。

《清异录》记载了晚唐僖宗、昭宗时流行的女子唇妆。"其点注之工，名字差繁。其略有'胭脂晕品：石榴娇、大红春、小红春、嫩吴香、半边娇、万金红、圣檀心、露珠儿、内家圆、天宫巧、洛儿殷、淡红心、猩猩晕、小朱龙、格双唐、眉花奴'样子。"其色从深红到浅红都有，从胭脂红、深艳石榴红到大红春（朱砂红）、小红春（比朱砂红稍淡）、嫩红和猩猩晕（暗红），还有檀红、微带黑色的殷红、淡红，放入金粉闪金光的万金红等。

檀红从史籍中看表示两种颜色。一种是有如黄蜀葵花心一般的紫红，唐代张祜的《黄蜀葵花》有"无奈美人闲把嗅，直疑檀口印中心"。另一种是浅红色，敦煌曲子《柳青娘》有"故着胭脂轻轻染，淡施檀色注歌唇"之句。

南北朝时还兴起了一种"嘿唇"，即黑唇。南朝徐勉的《迎客曲》说道："罗丝管，舒舞席，敛袖嘿唇迎上客。"白居易的《时世妆》也说："乌膏注唇唇似泥，双眉画作八字低。"此外，敦煌莫高窟276窟隋代壁画中的菩萨唇色也是接近黑色的。

历代的唇妆有不同的画法。若是薄而小的唇，一般要画得稍大一些；较大的唇用浅色，或用粉底掩盖，或点深红一点，以显唇小。有些仕女会把唇部画得颜色深一些，唇部边缘线和唇角的线条明显。仕女们有涂唇为白色再点画唇形的，有只画半边的，唇形有圆形的、心形的、月牙形的、马鞍形的和花瓣形的，有画成上小下大或上大下小的。但大多以樱桃小口为美，画唇以显得娇小为主。唐代执失奉节墓壁画上有一位跳帛舞的女子，她就只在唇上点一点红，并不画满。

莫高窟285窟西魏壁画有菩萨像，上唇画出两个圆弧形，使得唇部宛如红色花瓣。《弈棋仕女图》中的女子，唇部似一朵红花。

莫高窟130窟《都督夫人礼佛图》（原画已经模糊难辨，现存都是多年前的摹本）中的女子，把唇部画成半圆形、月牙形，并着重勾勒出唇边缘线和唇角的线条，唇角略翘，使人更显娇俏。

唐代执失奉节墓壁画局部

《弈棋仕女图》局部，新疆维吾尔自治区博物馆藏

唐代张萱《捣练图》局部，美国波士顿美术博物馆藏

《捣练图》中的女子，唇部涂的是近乎肉色的浅桃红色，又在下唇中间画出较深的红，恰似北宋词人张先《醉落魄》中所说："朱唇浅破桃花萼，倚楼谁在阑干角。"

清代改琦《元机诗意图》局部，北京故宫博物院藏

宋仁宗皇后像里的宫女只把下唇画浓，而后在下唇横点深红色。宋真宗皇后像中皇后只在下唇中间横点一点红色。《元机诗意图》里的女子将上唇涂红，下唇再点一个圆形。《嫦娥执桂图》中，嫦娥有朱红唇，下唇鲜红，相当夺目。

《红楼梦》第四十四回写及，（平儿）看见胭脂，也不是一张，却是一个小小的白玉盒子，里面盛着一盒，如玫瑰膏子一样。宝玉笑道："铺子里卖的胭脂不干净，颜色也薄。这是上好的胭脂拧出汁子来，淘澄净了，配上花露蒸成的。只要细簪子挑一点儿，抹在唇上，足够了；用一点水化开，抹在手心里，就够拍脸的了。"这里提到的就是用来染脸颊、点唇的香气馥郁的胭脂。

乾隆主位喜容像中妃子的唇妆则染成了粉红，再以深红染下唇上半部分和上唇两边，有深浅层次，然后把唇角线条画深一些，显得温雅可喜。

清代诗人陆求可的《相思儿令·佳人口》写芳香的樱桃口唇："一点樱桃娇艳，樊素不寻常。何用频含鸡舌，仿佛蕙兰芳。 座上吹罢笙簧。徐徐换羽移商。晚来月照纱橱，并肩私语生香。"陆求可《巫山一段云·佳人笑》也写到了朱唇笑语之神彩："皓齿全看白，朱唇一点轻。逢人常自笑盈盈，那得不关情。秋水随眸转，桃花满颊生。回鬟百媚怕倾城，掩袖不闻声。"

明代唐寅《嫦娥执桂图》局部，纽约大都会艺术博物馆藏

六、芙蓉出水妒花钿·面饰

古代美人脸上，包括额头、眉心、两腮和唇角处，常会出现彩色图案或彩色点画，使得妆容更为瑰丽、奇妙。这些图案和点画，一般被称为面花或花子，还有花黄、花钿、花胜、花靥和媚子等名称。

远古时期，人们就有文身绣面的风俗，如在额上装饰圆点。河南信阳楚墓出土的彩绘木女俑脸上就点有圆点。佛教传入后，佛祖眉间的"白毫相"常简化为一个圆形点饰。

面花的来源很多。唐代《酉阳杂俎·黥》载："今妇人面饰用花子，起自昭容上官氏所制，以掩黥迹。大历以前，士大夫妻多妒悍者，婢妾小不如意辄印面，故有月黥、钱黥。"女皇武则天的女官上官婉儿，因犯错被女皇处以黥刑。为了掩盖疤痕，饰以面花。当然，一般都认为面花源于寿阳公主额上缀梅花的寿阳妆。

额黄，即在额上涂黄色，后来演变为花黄。花黄指的是将金箔贴在鬓角处，或称点鬓；也指女子脸上装饰各种金黄色花样。古典长诗《木兰辞》里写凯旋的女将军、女英雄木兰"当窗理云鬓，对镜贴花黄"，回家恢复女子打扮时就要贴花黄。

花钿是指将用金箔、银箔、彩纸和翠羽等制作而成的各种花形贴在脸上。钿指的是用金属、螺壳等镶嵌的花纹。花钿也指发饰。

花胜，即华胜，原指一种插在发髻上的花形发饰。后来人们在正月初七剪彩帛、金箔为人形和花形等作华胜，贴在屏风上或戴在头上，华胜逐渐和花钿融合。

花靥，又称妆靥或笑靥。靥指面颊上的两个笑窝（也称酒窝和笑靥）。化妆时可点上红点，后来也出现了其他颜色、材质的面靥，"裁金作小靥"即用金箔裁成。据说笑靥源于三国时的一个故事。吴国孙和挥舞如意，误伤了邓夫人，太医用白獭髓调和琥珀敷治，后来在邓夫人脸上留下丹点，更增妩媚，于是当时的女子纷纷模仿。段成式的《酉阳杂俎》说："近代妆尚靥，如射月，曰黄星靥。靥钿之名，盖自吴孙和邓夫人也。和宠夫人，尝醉舞如意，误伤邓颊，血流，娇婉弥苦。命太医合药，医言得白獭髓，杂玉与琥珀屑，当灭痕。和以百金购得白獭，乃合膏。琥珀太多，及愈，痕不灭。左颊有赤点如痣，视之，更益甚妍也。诸婢欲要宠者，

敦煌莫高窟 121 窟壁画　　　　敦煌莫高窟 454 窟壁画　　　　陕西西安出土唐三彩俑

新疆吐鲁番出土泥头木身俑（1）　　新疆吐鲁番出土泥头木身俑（2）　　《捣练图》

《弈棋仕女图》（1）　　《弈棋仕女图》（2）　　《桃花仕女图》（1）

《桃花仕女图》（2）　　新疆吐鲁番出土木俑　　新疆吐鲁番出土绢画（1）

新疆吐鲁番出土绢画（2）　　新疆吐鲁番出土绢画（3）

唐代花钿

皆以丹青点颊,而进幸焉。"后来面靥逐渐融入面花。

汉代刘熙的《释名·释首饰》有"以丹注面曰旳。"旳,本指宫中女子有月事时在面上点红点,后来演变为用丹点在脸上作为装饰。三国繁钦的《弭愁赋》有句:"点圆旳之荧荧,映双辅而相望。"双辅,即双颊。明代杨慎的《丹铅总录·冠服·玄旳》中记载了旳的别名为龙旳。相传是晋代女医鲍姑(后被神化为女神)以艾灼龙女额,留下点痕,后人以朱点或墨点效之,所以得了这很有气势的名字。

斜红也称晓霞妆,女子在眼边画红色月牙形,据说这是魏文帝的美人薛夜来所创。夜来某次不慎把头撞在屏风上,受了伤,触碰处如霞色,痊愈后仍然不散,宫女纷纷用胭脂来照着画,从此流传下来。唐末张泌的《妆楼记》载:"夜来初入魏宫,一夕,文帝在灯下咏,以水晶七尺屏风障之。夜来至,不觉面触屏上,伤处如晓霞将散,自是宫人俱用胭脂仿画,名晓霞妆。"唐代赵逸公墓壁画中,一名女子隐在彩色帷幕后,画着八字眉,腮上就画有斜而直的斜红。

女子面饰还有点字,即在脸上用彩笔写上"心"字等小字。

唐代赵逸公墓壁画局部

以上这些面饰统称为面花或花子。历代花子有各种颜色,由各种材料制作而成,花纹也各有不同,尽显女子的慧心。面花点缀在面上,更增俏丽。它可以点在眉心,也可以点在额上,还可以点在笑窝处、腮上、下颌上,或满脸都点上花点,还可以画鸟禽等图案。五代词人欧阳炯的《女冠子》载:"薄妆桃脸,满面纵横花靥。艳情多。绶带盘金缕,轻裙透碧罗。含羞眉乍敛,微语笑相和。不会频偷眼,意如何。"这满面花纹象征着含羞的少女多情的心绪,虽不直接说破,却已经显露出来。敦煌莫高窟108窟五代壁画里的女子就有着这样的妆容,额上有花叶状花钿,两边脸颊画着飞鹤,笑窝处还点着红点。

花子又称花黄,可以用画额黄、黄眉的黄粉来画。南北朝诗人张正见的《艳歌行》写在脸上贴小金靥,涂额黄或贴花黄:"裁金作小靥,散麝起微黄。"这句诗也说明当时就开始在黄粉内加入麝香等香料,使额黄或花黄散发出香味。萧纲的《美女篇》有"佳丽尽关情,风流最有名。约黄能效月,裁金巧作星",写绘花黄、裁金箔作月亮、星星之形。唐代王建的《宫词》有"收得山丹红蕊粉,镜前洗却麝香黄",说明当时也有使用各种花粉画花黄的。花黄的颜色有红色、蓝色和紫色等。唐代韦贵妃墓壁画中有韦贵妃的画像。她身穿石榴裙,头戴卷盘起来的义髻,脸染桃花妆,眉心画一朵扇形的花叶状红色花钿,唇边还点着圆靥。唐代胡服美人图中的美人也画了花黄。

韦贵妃墓壁画中的韦贵妃像局部

唐代胡服美人图,现藏日本

贞顺皇后石椁妇人像

古人会用金箔、银箔、云母、珍珠和螺壳等闪亮的材质，也会用黄纸、彩色纸、黑光纸、丝帛、鸟雀翠羽、鱼鳞、蝉翼和蜻蜓翼等，镂空或剪出各种形状的花子，涂上干胶，用时呵热就可以贴在脸上。元代龙辅的《女红余志》有"元雍姬艳姿，以金箔点鬓，谓之飞黄鬓"，载北魏高阳王元雍有美丽的姬人，她爱将金箔点在鬓角边。北宋黄庭坚的《南柯子》有"金雁斜妆颊，青螺浅画眉"，是把金箔剪为大雁纹，斜斜地装饰于脸颊之上。明代王磐的《追赋杨氏夜游》有"插鬓金鸾小，填蛾翠雁斜"，写女子鬓角处、蛾眉边有金制小凤鸾形花子和翠羽制大雁形花子。周昉的《簪花仕女图》里的女子，其眉间贴有很小的圆形绿色花子，即翠钿。宋仁宗皇后像中的皇后与宫女，脸上贴着珠钿，鬓角处还有用一排珍珠缀成的结珠鬓梳。

《清异录》则载"后唐宫人或网获蜻蜓，爱其翠薄，遂以描金笔涂翅，作小折枝花子。"宫中女子裁剪翠绿而薄透的蜻蜓翅，用笔蘸着金泥在上面描画小朵折枝花纹，制作成花子，再贴到脸上。

还有用各种香料做的花子。北宋《清异录》记载南唐时的茶油花子，是用油茶籽油拌合香料制成的各种花样。陈敬的《陈氏香谱》说龙脑香蒸香凝成块叫作熟脑，也可作面花、耳环等。《永乐大典》引《山居备用》的记载，说有一种蔷薇面花子，它由各种香料合成，以模拟出蔷薇花香。

至于花子的花纹图形，有花朵、鸟禽、蝴蝶、火焰、日、月和星星等。四季花朵可以表现时令的流转，如春季的杨柳叶、梨花、石竹花等，夏季的芙蓉（荷花）、碧蝉花（淡竹叶）等，秋季的桂花、菊花等，冬季的蜡梅、梅花等。贞顺皇后石椁妇人像中女子的额上就画了花钿。

南宋汪藻的《醉花魄》中有："小舟帘隙。佳人半露梅妆额。绿云低映花如刻。恰似秋宵，一半银蟾白。"咏他在客舟中偶然看见旁边小舟上美人的额妆，便是以梅花缀在额上。

元代《梅花仕女图》画的是梅树下一名女子持镜而立，正拈起一朵梅花贴于眉心处。这是在表现寿阳公主在人日时梅花缀在额上的故事。

元代《梅花仕女图》，
台北故宫博物院藏

元代王和卿的《一半儿》曲子有"鸦翎般水鬓似刀裁，水颗颗芙蓉花额儿窄。待不梳妆怕娘左猜。不免插金钗，一半儿鬅松一半儿歪"，说的就是芙蓉花形的花子。元代吴昌龄的《端正好》曲子有"墨点柳眉新，酒晕桃腮嫩。破春娇半颗朱唇，海棠颜色红霞韵。宫额芙蓉印"，写额上印上芙蓉花，与黑眉、桃红腮及朱唇相映，一位美人的形象鲜活欲出。

张萱的《捣练图》中，女子在脸上画着绿色的秋叶形花子。古人也会直接取小片花叶贴在脸上。唐代刘恂的《岭表录异》载鹤子草采之曝干，可以作面靥。鹤子草即现在的黄绿蝇子草，开麹尘色花，即黄绿色花，花形如飞鹤。用作面靥还象征着爱情。宋代郑会的《衢州道中》有"生危蔷薇插鬓斜，闲随女伴摘新茶。回头见客低头笑，却拾残花帖面花"，写女子以蔷薇花斜插在鬓边，又以落花贴在脸上作面花。

简单的花子是用黄粉或红色妆粉在额上、笑窝、腮上、下颌和眉心处点上圆点。五代冯晖墓壁画中的侍女就画了简单的花子。陕西咸阳平陵附近出土的十六国时期的女乐伎彩绘俑，其眼妆很有特点，在眉心、两边脸颊、下颌处各点一圆点，是较早的使用花子的例子。

五代冯晖墓壁画侍女

唐代《唐人宫乐图》中的女子有的眉间画了圆形花子。元代于伯渊的《天下乐》曲子有"半点儿花钿笑靥中，娇红，酒晕浓，天生下没褒弹的可意种。翰材才咏不成，丹青笔画不同，可知道汉宫画爱宠"，咏笑窝（笑靥）的美。于伯渊的《金盏儿》曲子有"脸霞红，眼波横。见人羞推整双头凤。柳情花意媚东风。钿窝儿里粘晓翠，腮斗儿上晕春红"，又咏在笑窝处粘着翠钿。清代诗人王维新的《汉宫春·咏美人额上一点红》有咏："月晕珠圆，是佳人额上，一点娇红。分明似射有的，对面相逢。十分端正，怕人窥，扇欲高笼。嗤昔日，安黄贴翠，无如脂泽为工。生性原来爱淡，只粉题半面，著此成浓。何人画图取意，万绿丛中。佛头著宝，放豪光，岂善芳容。如旭日，瞳暎始上，朱辉分映眉峰。"美人额上的胭脂红点如佛像上的光，又如旭日一轮。我国佳人的美韵正是"皎如太阳出朝霞"，似红日光芒四射，令人迷醉。

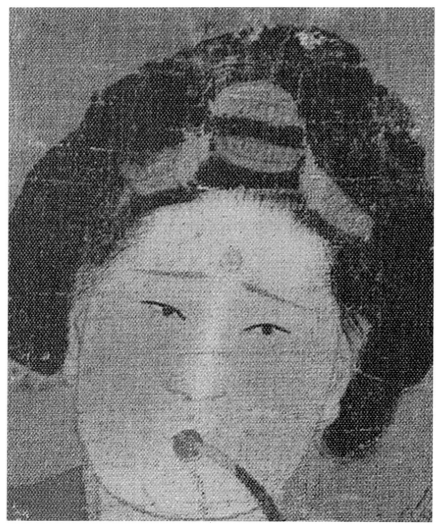

《唐人宫乐图》局部，台北故宫博物院藏

章二

古方妆品

一、古方澡豆

孙思邈的《千金翼方》有"衣香澡豆,仕人贵胜,皆是所要",意思是说,下至贩夫走卒,上至皇亲国戚,澡豆是居家必备的。在古代,澡豆的用途很多,可用于洗手、洗脸、洗头、沐浴或洗衣服。总而言之,澡豆可去除污渍和油脂。澡豆的配方多种多样。《千金翼方》中介绍的澡豆配方如下:丁香、沉香、青木香、桃花、钟乳粉、真珠、玉屑、蜀水花、木瓜花各三两;奈花、梨花、红莲花、李花、樱桃花、白蜀葵花、旋覆花各四两;麝香一铢。上一十七味,捣诸花,别捣诸香,真珠、玉屑别研作粉,合和大豆末七合,研之千遍,密贮勿泄。常用洗手面作妆,一百日其面如玉,光净润泽⋯⋯如此奢侈的澡豆配方,其在古代也并不多见。不过,富贵人家使用的澡豆中掺有名贵香料,是很普遍的情况。相传慈禧很喜欢用澡豆洁面。

●古方澡豆配方

原文:檀香三斤、木香九两六钱、丁香九两六钱、花瓣九两六钱、排草九两六钱、广零九两六钱、皂角四斤、甘松四两八钱、白莲蕊四两八钱、山柰四两八钱、白僵蚕四两八钱、麝香八钱、冰片一两五钱,共研极细末,红糖水合,每锭重二钱。

改良配方:檀香105.1g、木香33.6g、丁香33.6g、排草33.6g、广零33.6g、皂角140.2g、甘松16.1g、白莲蕊16.1g、山柰16.8g、白僵蚕16.8g、麝香2.8g、冰片3.3g,红糖随意,花瓣可加可不加。

●制作过程

以红糖水熬煮皂角至软烂,过滤皂角液,将香料和药材研成粉末,过筛,用红糖水混合,搓丸,称重,晾晒,罐藏。

Step 01

准备好檀香、玫瑰花粉、白莲蕊粉、山柰粉、玫瑰花瓣、丁香、甘松粉、广零、木香粉、冰片粉、排草粉和白僵蚕粉。

Step 02 ●

准备好若干皂角。

Step 03 ●

准备好若干红糖。

Step 04 ●

准备好麝香粉。

Step 05 ●

拿出石臼。

Step 06 ●

准备好纱布。

Step 07 ●

准备好过滤筛。

Step 08 ●

将红糖和皂角放入砂锅。

Step 09 ●

加清水熬煮至皂角软烂。

Step 10 ●

用纱布过滤皂角红糖水。

Step 11 ●

静置过滤后的皂角红糖水。

Step 12 ●

称所需重量的药材，将其混合在一起。

Step 13 ●

用石臼将药材粉末二次捣碎研磨。

Step 14

用过滤筛过滤药材粉末。

Step 15

将皂角红糖水倒入过筛后的药材粉末中。

Step 16

洗净双手，然后用手把药材粉末混合均匀。

Step 17

将药材粉末揉捏成团。

Step 18

在团子的外面裹上一层玫瑰花粉。

Step 19

将一颗颗团子放置在晾晒架上。

Step 20

晾晒3~5日，直至团子完全干燥。此步很关键，否则团子会发霉。

Step 21

将澡豆收纳至盒中，撒一层玫瑰花瓣，待日后使用。

二、玫瑰膏子

玫瑰膏子，是用玫瑰花瓣做成的胭脂。《红楼梦》中贾宝玉对胭脂就颇有研究。"宝玉笑道：'铺子里卖的胭脂不干净，颜色也薄。这是上好的胭脂拧出汁子来，淘澄净了，配了花露蒸成的。只要细簪子挑一点儿，抹在唇上，足够了；用一点水化开，抹在手心里，就足够拍脸的了。'平儿依言妆饰，果然鲜艳异常，且又甜香满颊。"

● 复原的制作过程

熬制桃花泪（桃胶，是一种多糖类天然胶，是天然的乳化剂、增稠剂和稳定剂）。过滤桃花泪。取玫瑰汁液，使之与桃花泪和滑石粉均匀融合，取胭脂粉混合染色，晾干，成膏。

● 玫瑰膏子改良配方

胭脂虫红、蜂蜜和中骨胶。

● 改良的制作过程

将 30 粒中骨胶加 200mL 水熬化。取适量胶液，混合 8g 胭脂虫红及 13g 蜂蜜，制成流动的膏体，装入瓷罐内密封保存。

Step 01

准备好胭脂虫红、蜂蜜和中骨胶。

Step 02

取若干中骨胶，将其放入碗内。

Step 03

准备一个有刻度的玻璃烧杯，然后倒入 200mL 水。

Step 04

将 200mL 水加热。

Step 05

在烧杯中加入中骨胶，直至熬化。

Step 06

在另一个烧杯中加入蜂蜜和胭脂虫红并将它们混合均匀。

Step 07

准备好已经熬化的中骨胶水。

Step 08

将中骨胶水加入 Step 06 得到的混合物中，然后一边加热一边搅拌。

Step 09

搅拌至完全融合。

Step 10

冷却后装入小瓷盒内。

三、青黛膏

黛即黑色的颜料。

古代女子用黛画眉，称为眉黛，即现在的眉笔。唐代白居易的《喜小楼西新柳抽条》曾有："须教碧玉羞眉黛，莫与红桃作麹尘。"金朝董解元《西厢记诸宫调》中有："一筒止不定长吁，一筒顿不开眉黛。"明代梁辰鱼的《浣纱记·问疾》道："为甚懒舒眉黛，瘦损腰肢，减尽风流？"苏曼殊的《东居》道："蝉翼轻纱束细腰，远山眉黛不能描。"古代女子对画眉的喜爱已经不言而喻，且画眉也是夫妻之间的小情趣。

《本草纲目·草部》中有"青黛，又名靛花、青蛤粉……青黛从波斯国来……波斯青黛，亦是外国蓝靛花，既不可得，则中国靛花亦可用"，写的就是青黛膏。

●复原的制作过程

宋应星的《天工开物》载："凡造淀，叶与茎多者入窖，少者入桶与缸。水浸七日，其汁自来。每水浆一石，下石灰五升。搅冲数十下，淀信即结。水性定时，淀沉于底。"将底部的沉淀物挖出，滤去部分水分，即成糊状的靛泥。将靛泥晒干，磨成粉状便是青黛，又有别名青蛤粉、蓝露或淀花。

●青黛膏改良配方

白蜂蜡、青黛粉、天然甜杏仁基础油。

●改良的制作过程

将天然甜杏仁基础油和白蜂蜡（天然甜杏仁基础油与白蜂蜡的比例为 100 ： 45）隔水加热融化，混合青黛粉（占总重的一半），搅拌，以流动形态装罐。

Step 01

准备好白蜂蜡、青黛粉和天然甜杏仁基础油。

Step 02

将白蜂蜡和天然甜杏仁基础油放入烧杯中，白蜂蜡和天然甜杏仁基础油的比例为 45∶100。

Step 03

加热至白蜂蜡完全融化。

Step 04

加入青黛粉，粉末和油蜡的比例为 1∶1。

Step 05

一边加热一边搅拌，直至变黏稠。

Step 06

将其装罐收纳。

四、软香

软香具有可塑性，可捏出各种形状。南宋时，端午时节盛行的高档香佩之一为软香。据记载，软香是北宋宣和年间创造出来的一种新型香品，南渡以后，临安（位于今浙江省杭州市）和广州等地都有生产。宋人陈敬所撰的《陈氏香谱》记载了13款软香的配料与制作方法。

要做出软香丸，需用苏合油或树脂类材料作黏合剂，用蜂蜡一类的材料保持形态。材料产地、批次不同，香粉的搭配不同，混合的比例也大相径庭，没有固定标准可言。

● 软香配方

蜂蜡、芽庄沉香、麝香、苏合香、龙脑、老山、金颜香和天然甜杏仁基础油。

● 制作过程

首先，根据自己的需要配好香粉。然后，将天然甜杏仁基础油与香粉混合。将蜂蜡加热，直至融化至较稀的状态。将冷却的蜂蜡液与香粉混合。将其揉捏成自己需要的形状和大小。

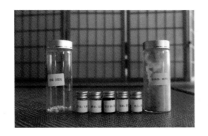

Step 01

准备好蜂蜡、芽庄沉香、麝香、苏合香、龙脑、老山和金颜香。

Step 02

将芽庄沉香、老山和金颜香置于小石臼中，将其混合均匀。

Step 03

加入龙脑、苏合香和麝香。

Step 04

将天然甜杏仁基础油倒入 Step 03 做好的粉末中。

Step 05

将蜂蜡放入烧杯中加热至融化。

Step 06 ●

使蜂蜡液冷却，放置于 50℃以下的环境中。

Step 07 ●

将蜂蜡液加入前面已经混合好的粉末中。

Step 08 ●

充分捶打至材料完全融合。

Step 09 ●

将软香揉捏成团并装盒收纳。

五、香口脂

香口脂是古人用以防止寒冬时口唇开裂的唇膏。唐代杜甫的《腊日》一诗曾提到口脂，有"口脂面药随恩泽，翠管银罂下九霄"之句。没有颜色的口脂是男女通用的，混入颜色以后就变成化妆用的唇膏。晚唐韦庄的《江城子》中有"朱唇未动，先觉口脂香"之句。口脂可以通过混入不同的色粉来调整颜色。

● 古方甲煎口脂配方1

原文：沉香五两，甲香五两，檀香半两，麝香一分，香附子、甘松、苏合香和白胶香各两分，炼蜜、生麻油（升麻或胡麻）两升，零陵香一分半，藿香两分，茅香两分，水一升。

● 古方甲煎口脂配方2

原文：紫草或朱砂二两，甲煎油、白蜡二两。

● 甲煎口脂复原的制作过程

香瓶棉附口，竹篦子十字封口，油瓶浸香一宿。次日微火油煎之，香瓶附油瓶，以泥裹之，油瓶埋于地下，香瓶露出。糠连烧两日勿令绝，第三日等火停。起出，罐藏十二日。

● 香口脂复原的制作过程

原文：用牛髓。牛髓少者，用牛脂和之……温酒浸丁香、藿香二种。煎法同合泽，亦着青蒿以发色。绵滤着瓷，漆盏中令凝。若做唇脂者，以熟朱和之，青油裹之……

● 香口脂改良配方

藿香、公丁香、烧酒、天然甜杏仁基础油、蜂蜡和花瓣。

● 香口脂改良的制作过程

公丁香、藿香（比例为1∶1）浸酒一月，日久愈佳。隔水蒸酒，至酒气散、香气留，酒内加油（比例为1∶3）熬煮，至酒气完全挥发，合蜡（蜡占油的30%），罐藏。

Step 01

准备好藿香和公丁香。

Step 02

准备好一个干净的罐子和一瓶烧酒。

Step 03

将藿香和公丁香按照1:1的比例混合放入罐子中,再向罐子中倒入烧酒,烧酒和药材的比例为1:2。

Step 04

将药酒避光放置1个月以上。

Step 05

准备好碗和纱布。将纱布铺入碗中,将药酒倒入碗中,用纱布过滤残渣。

Step 06

静置过滤后的药酒。

Step 07

将装着药酒的碗放入砂锅中,隔水蒸煮。

Step 08

蒸至药酒散发出香味。

Step 09

准备好天然甜杏仁基础油。

Step 10

在药酒中加入天然甜杏仁基础油,继续蒸。

Step 11

将混合液倒入碗中,用新的纱布过滤残渣。

Step 12

可以多过滤几次。

Step 13

准备好一块蜂蜡。

Step 14

将蜂蜡融化。在过滤后的混合液内加入蜂蜡液，蜂蜡液占混合液的30%。

Step 15

将液体倒入瓷罐内。

Step 16

冷却后即成膏体。

Step 17

可以撒一些花瓣作为装饰。

六、玉女桃花粉

玉女桃花粉的主料是益母草煅烧成的细灰。益母草亦名火炊草，一般在端午时节采摘。把鲜益母草晒干，经火煅制成细草灰，乃是唐人的发明。唐代医典《外台秘要》有"近效则天大圣皇后炼益母草留颜方"，说武则天是因为善于利用益母草灰才能玉颜长驻。其中介绍的工艺过程是把益母草用火烧成灰，然后用水拌成团，放到特制的小炉当中，以低温炭火慢慢煅烧，再把煅烧过的灰团反复研磨，最终得到"白色细腻"的粉末。

益母草灰可以与多种具有美白、润肌、除斑、去痕功效的中草药拌在一起，形成复合型的洁面粉；也可以加入捣碎的皂角，制成球形的固体皂，在洗面、洗澡时使用。因为古人相信这种洁白的细草灰护肤效果奇佳，坚持使用能颜如玉女，所以称其为"玉女粉"，甚至是"神仙玉女粉"。

从宋代开始，这种细洁的白色草灰还被改良成营养型妆粉。北宋医典《圣济总录》中说益母草涂方可消面上黑斑。还可以把益母草灰和蜂蜜混合，调成养颜蜜，盛装在盒内，每晚临睡前涂于脸上，可护肤。

在宋代，有以石膏、滑石粉、蚌粉、蜡脂、壳麝及益母草等材料调和而成的"玉女桃花粉"。

《事林广记》有"每十两，别煅石膏二两，滑石、蚌粉各二两，胭脂一钱，共碎为末，同壳麝一枚，入器收之。久能去风刺、滑肌肉、消瘢黯、驻姿容，甚妙"，较为详细地记载了"玉女桃花粉"的调制工艺。玉女桃花粉以益母草灰为主要原材料，同时按比例加入同样洁白细腻的石膏粉、滑石粉和蚌粉。此种混合细粉的独特方法让人印象深刻。在收贮粉的盛器中放入一枚麝香囊壳，让细粉逐渐染得麝气。由此，将粉涂在身上后，便能散发麝香的芬馥，从而遮盖汗味。

唐宋时，女性在夏季习惯穿半透明的薄纱或者薄罗上衣，双肩、两臂的皮肤隐约可见。另外，当时的衣式都是"裹胸"的形式，脖颈及前胸的一部分都显露在外。因此，那时的女性格外重视夏季擦身粉的品质。对她们来说，夏日里所用的粉，不仅有防汗、防痱、去汗味的作用，还是一种化妆粉，可擦在面、颈、胸、臂乃至全身，让身体显得更加白皙。

明代《普济方》中也有记载："玉女粉，治面上风刺、粉刺、面奸，黑白班姣方：用益母草不拘多少，剉、捣、晒干、烧灰、汤和、烧数次，与粉相似。每用，以乳汁调。先刮破风刺，后敷药上。一方，洗面用之。又以醋浆水和，烧通赤，如此五次，细研。夜卧时，如粉涂之。"

● 玉女桃花粉配方

大米、熟石膏粉、珍珠粉、胭脂虫红、益母草粉和滑石粉。

●制作过程

益母草一两，熬浓大米汁十两，混合捏成团，煅烧，去脏皮，捣碎，混合其他粉末（煅石膏一两，滑石二两，蚌粉／珍珠粉二两，胭脂一钱），加大米汁，混合捏成团，煅烧，去脏皮，捣碎，晾晒 3~5 日，磨成细粉，收盒使用。

Step 01

准备好熟石膏粉、珍珠粉、胭脂虫红、益母草粉和滑石粉。

Step 02

熬煮一锅浓稠的大米汁。

Step 03

用纱布过滤大米汁。

Step 04

静置过滤后的大米汁。

Step 05

取益母草粉。

Step 06

将益母草粉与大米汁混合，揉捏成益母草团。

Step 07

将揉好的益母草团放置于晾晒架上。

Step 08

将益母草团放置于炭火上烘烤。

Step 09

烘烤至益母草团的外壳干且脆。

Step 10

剥去脏皮。

Step 11

将团子内部放入石臼中捣碎。

Step 12

将捣碎的益母草团倒入小碗中，并在小碗中加入熟石膏粉、珍珠粉、胭脂虫红和滑石粉。

Step 13

将粉末混合均匀。

Step 14

将剩下的大米汁倒入小碗中。

Step 15

混合均匀。

Step 16

揉捏成团，并将粉团静置于晾晒架上。

Step 17

将粉团放置于炭火上烘烤。

Step 18

烤至粉团外壳硬脆。

Step 19

剥去脏皮并放入石臼中捣碎。

Step 20

将粉末置于晾晒架上晾晒 3~5 日。

Step 21

待粉末完全干燥以后放入石臼中捣成细细的粉末。

Step 22

用盒子收纳粉末，窖藏 1 个月最佳。

章四

美人妆发

一、妆容设计

唐风妆容

Step 01

给皮肤做好保湿工作。然后用粉底刷蘸取粉底液，为脸部皮肤少量多次地刷上粉底，着重覆盖 T 字区。

Step 02

均匀地敷一层散粉。

Step 03

用眉笔绘制出眉尾向下的弯眉。

Step 04

在上眼睑处刷上一层大地色眼影。

Step 05

用深色眼影在双眼皮褶皱位置平涂。

Step 06

用浅一号的眼影涂刷下眼睑。

Step 07

观察眼部的整体效果。

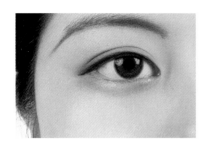

Step 08

贴着睫毛根部描绘眼线。

Step 09

在颧骨位置平涂腮红。

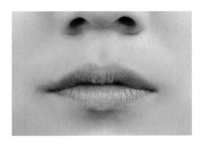

Step 10

用粉底稍微遮盖原有的唇色。

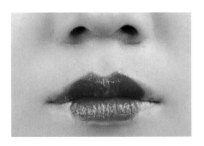

Step 11

用大红色口红描绘出蝴蝶样的唇形。

Step 12

在眉心处画出花钿。

盛唐妆容

Step 01

给皮肤做好保湿工作。选择比肤色更白的粉底，均匀地铺上一层粉底。然后用遮瑕膏遮盖脸部较暗沉的位置。

Step 02

在脸部均匀地铺一层蜜粉。

Step 03

用眼线笔描绘出眉形。

Step 04

蘸取淡粉色眼影。

Step 05

用平涂法在眼皮上涂出扇形。

Step 06

在从眼角到脸颊的区域涂上粉色腮红。

Step 07

描画出眼线。

Step 08

用粉底稍微遮盖原有的唇色。

Step 09

用口红在唇部描绘出蝴蝶样的唇形。

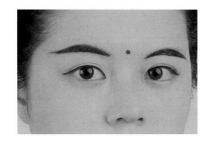

Step 10

在眉心点上花钿。

TIPS

唐代妆容整体的可变性很高，可以变换眼影的颜色和花钿的形状，组合出不同色系的妆容。与现代的妆容相比，唐代妆容最大的特点在于眉形和唇妆。唐代妆容一般是先覆盖原有的唇色，再重新描绘形状。

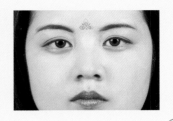

Step 01

给脸部做好保湿工作，然后均匀地上一层粉底。

Step 02

在脸部均匀地铺一层散粉。

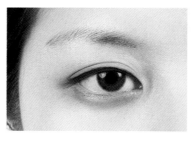

Step 03

在眼皮上均匀地涂一层橘红色系眼影。

Step 04

用画眉膏绘制细长的、眉尾向下垂的眉毛。

Step 05

在脸颊上涂上橘红色腮红，以增强脸部的立体感。

Step 06

在唇部涂抹橘色口红。

清代妆容

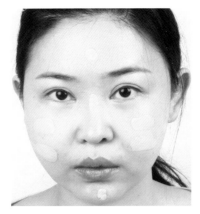

Step 01

给脸部做好皮肤保湿工作，然后均匀地上一层粉底。

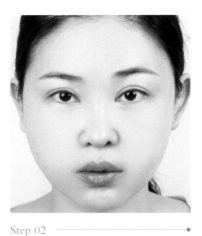

Step 02

用遮瑕膏遮盖局部瑕疵。

Step 03

在脸部均匀地铺一层散粉。

Step 04

在眼皮上均匀地涂一层浅色眼影。

Step 05

在双眼皮褶皱下方平涂一层棕色眼影。

Step 06

用橘棕色眼影画椭圆形，以加深眼尾的颜色。

Step 07

选取带珠光的亮棕色眼影，将其涂在下眼睑的后半段。

Step 08

用眼线膏刷一条向后延展的眼线。

Step 09

用眉笔描绘出弯眉。

Step 10

在唇部涂一层润唇膏。

Step 11

用红色口红沿着唇形描绘出 M 形，并
涂满唇部。

Step 12

在脸部的适当位置铺上高光粉。

Step 13

在脸颊处涂上腮红。

二、新国妆·灵感造型设计

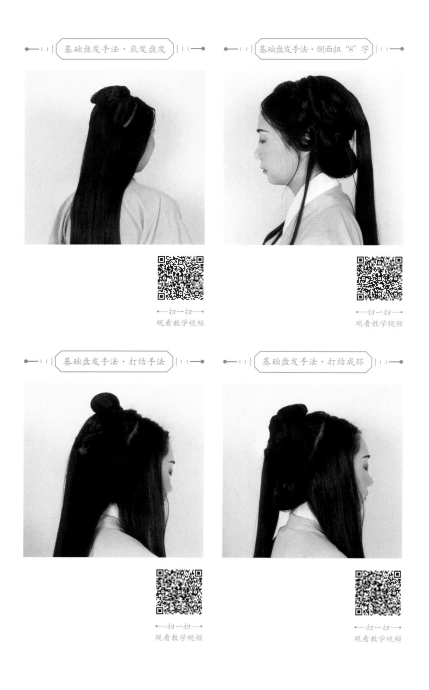

基础盘发手法·底发盘发

—扫一扫—
观看教学视频

基础盘发手法·侧面扭"8"字

—扫一扫—
观看教学视频

基础盘发手法·打结手法

—扫一扫—
观看教学视频

基础盘发手法·打结成环

—扫一扫—
观看教学视频

基础盘发手法·侧环堆叠

——扫一扫——
观看教学视频

基础盘发手法·发环堆叠

——扫一扫——
观看教学视频

基础盘发手法·燕尾的梳法

——扫一扫——
观看教学视频

《挥扇仕女图》唐代全盘大扇尾造型

"芙蓉不及美人妆，水殿风来珠翠香。"

——唐·王昌龄《西宫秋怨》

造型灵感源自唐代周昉的《挥扇仕女图》。

唐代的造型多将头发全部盘起，梳成大大的发髻，看起来干净清爽。这款造型要求发丝不能乱，后侧发髻的形状像一个团扇。我将这款造型称为大扇尾造型。

Step 01

将头发分为前后两区，将后区的头发分为上下两部分。

Step 02

将后区上半部分的头发编成三股辫。

Step 03

将辫子盘于头顶并固定。

Step 04

将后区下半部分的头发分为左右两份。

Step 05

将左右两份头发分别分为上下两份。将4股头发分别编成三股辫。

Step 06

将4条辫子分别盘成小发髻。

Step 07

稍作调整，此为侧面效果。

Step 08

在头顶放置一个垫发包。

Step 09

用发卡将垫发包固定好。

Step 10

将前区的头发向后梳，包裹住垫发包，抚平碎发。

Step 11

取一片假发片。

Step 12

将假发片固定到合适位置。

Step 13

将假发片分为前后两股。

Step 14

在两股假发之间垫一个小号牛角包。

Step 15

用前侧的假发包裹住牛角包并固定为一个小发髻。

Step 16

将前方假发的剩余部分缠绕在小发髻根部。

Step 17

将后方的假发分为左右两份，并分别编成三股辫。

Step 18

将辫子分别盘于脑后。

Step 19

另取一片假发片。

Step 20

将假发片固定在后脑勺的位置。

Step 21

将假发片分成 3 股，将左侧一股绕一个环并固定在脑后。

Step 22

将右侧一股也绕一个环并固定在脑后。

Step 23

将中间一股假发的发尾扎起，并提起发尾。

Step 24

用中间的假发包住两边的垂环，并在后脑勺处固定。

Step 25

将发尾编成三股辫。

Step 26

将三股辫盘成一个小发髻。

Step 27

抚平碎发。

正面　　　　　　　　背面　　　　　　　　侧面

《挥扇仕女图》唐代半盘双侧垂环披发造型

"谁分含啼掩秋扇，空悬明月待君王。"

——唐·王昌龄《西宫秋怨》

这个造型的灵感源自唐代周昉的《挥扇仕女图》。仕女画中的仕女或出土的唐代陶俑，无一不是将头发梳得十分整齐。这不禁让我怀疑，难道她们在家中也是梳着这么正式的造型吗？想来是不太可能的。所以这款披发造型更像是她们在家中的造型，尽显温柔气质和小女儿姿态。

Step 01

步骤同《挥扇仕女图》唐代全盘大扇尾造型的 Step01~Step12。

Step 02

将假发片分成 3 股。

Step 03

将中间一股头发以打结的方式处理。

Step 04

将发结固定在头顶。将中间一股假发剩余的部分环绕在发结周围。

Step 05

用发卡将这部分假发固定好。

Step 06

在左右两侧分别加一股假发。将左右两侧的假发分开放在两边。

Step 07

将右侧的一股假发做成垂环，将发尾固定于发结处。

Step 08

左侧的头发采用与右侧相同的手法处理。

正面

背面

侧面

唐三彩女坐俑造型

这款唐三彩女坐俑是一款私人藏品，2005 年在纽约苏富比拍卖行短暂现身，最后以 6 万美元的价格被一位私人收藏家拍走，目前见到的图片是拍卖行挂出的图片。这名女子的服装采用了绿色和黄色，是很明媚的配色。其妆容是典型的唐代仕女妆容，发髻是双发髻，显得相当精神。

Step 01

将头发分为前后两区。

Step 02

将后区上半部分的一股头发扎起。

Step 03

将这股头发盘于头顶。

Step 04

在头顶放置一个垫发包,并用发卡固定好。

Step 05

将前区的头发向后梳,使之包裹住垫发包。抚平碎发。

Step 06

在发髻后侧固定一个圆形的垫发包。

Step 07

将后区的头发向上梳,包裹住垫发包,抚平碎发。

Step 08

取一片假发片,将其固定在头顶。

Step 09

将假发分成如图所示的几股。

Step 10

用打圈的方式将上面左侧一股假发环绕于头顶左侧。

Step 11

用发卡固定住发髻。

Step 12

右侧采用同样的手法处理。

Step 13

取一小股假发，盘绕在发髻底部。

Step 14

用后方的假发包住后脑勺并扎起。

Step 15

将 Step 14 剩余的后方分成两股，向上环绕并收起发尾。

正面

背面

侧面

《捣练图》中的女子较多，造型也较多。其中有一名幼女，她青春活泼，充满童趣。本例造型灵感源于此幼女的双环造型。双环造型有减龄的作用，就像双马尾一样，有很强的少女感。

Step 01

将头发分为前后两区，再将前区的头发中分。

Step 02

将后区上半部分的头发编成三股辫。

Step 03

将三股辫盘于头顶并固定。

Step 04

将后区下半部分的头发向上盘绕。

Step 05

将 Step 04 的头发在后脑勺处盘成一个发髻并固定。

Step 06

将前区两侧的头发分别分成前后两股。

Step 07

在前后区分界线处固定一个垫发包。

Step 08

用前区两侧靠后的那股头发包裹住垫发包并固定。

Step 09

将前区两侧靠前的那股头发推出一个小弧度并固定。

Step 10

将前区两侧靠前那股头发的剩余部分向后梳理并固定。

Step 11

取一片假发片，将其固定在头顶。

Step 12

将假发片分成3股。

Step 13

将两侧的假发分别绕成一个环。

Step 14

将红色头绳绑在垂环中间。

Step 15

取中间假发的上半部分。

Step 16

将取出的头发盘成发髻并固定。

Step 17

用后方剩下的假发包住后脑勺并扎成低马尾。

Step 18

将 Step 17 后方的假发分成两股，将左侧一股向右绕到发髻上。

Step 19

将右侧一股向左绕到发髻上。抚平碎发。

正面

背面

侧面

《半闲秋兴图》宋代全盘双环造型

根据《半闲秋兴图》中的造型，我做了两个衍生造型，这是第一个衍生造型。单看造型，和原画并不是特别像，但是灵感确实来源于这幅画。这是一款全盘造型，在发尾处配上带流苏的饰品，使人物走起路来摇曳生姿，更显闺阁女儿的婀娜。配饰用的是传统的点翠和现代工艺的烫花，这样的搭配更贴合现代审美。

Step 01

将头发梳理顺滑并分为前后两区，将前区头发中分。

Step 02

将后区上半部分的头发编成三股辫。

Step 03

将三股辫盘于头顶。

Step 04

将后区下半部分的头发盘起来并固定。

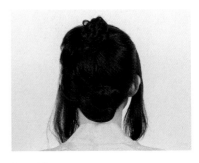

Step 05

背面效果展示。

Step 06

将前区两侧的头发分别成 3 股，用发夹固定。

Step 07

侧面效果展示。

Step 08

将最前面的一股头发用手推出一个弧度并将发尾放在头部后方。

Step 09

将前区左侧剩余两股头发用手推出合适的弧度并固定。

Step 10

前区右侧采用与左侧相同的手法处理。将前区头发的发尾全部收于头顶。

Step 11

取一片假发片。

Step 12

将假发片固定于头顶。

Step 13

将假发分为前后两股，将前面一股假发置于头部前方，并在头顶放置一个垫发包。

Step 14

将垫发包固定于两股假发之间。

Step 15
用前方的假发包裹住垫发包。

Step 16
将包裹垫发包的假发梳理顺滑并用发卡固定。

Step 17
将包裹垫发包的假发发尾从下往上盘绕。

Step 18
对另一侧做同样的处理。

Step 19
将后方没有处理的假发分成3股。

Step 20
取侧面的一小股假发,将其绕成一个环。

Step 21
从中间一股假发中分出一部分,绕成另一个环,置于第一个环的后方。

Step 22
另一侧采用同样的手法处理。

Step 23
将剩余的头发卷成发卷,在后发际线处固定。

Step 24

用 U 形卡将发卷再次固定，分为
上下两部分。收整碎发。

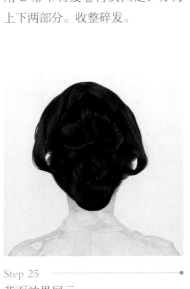

Step 25

背面效果展示。

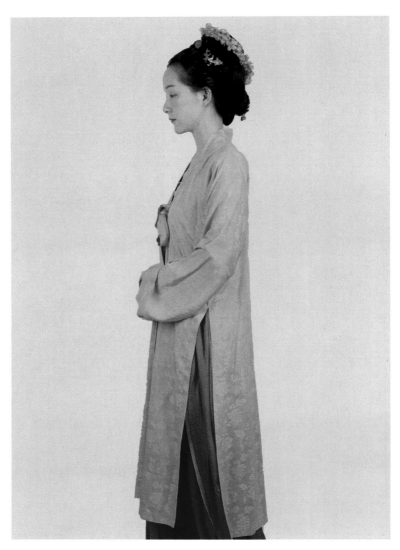

正面

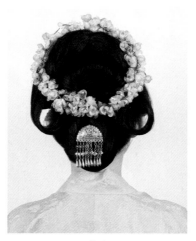

背面

侧面

这是《半闲秋兴图》的第二个衍生造型，整体造型更贴合原画，配饰用珍珠排和发带，更显古典。妆容上，眉毛细长，更显仕女清雅婉约之美。

Step 01

将头发梳理顺滑，分为前后两区。将后区上半部分的头发用皮筋扎起来。

Step 02

将扎起来的头发编成三股辫。

Step 03

将三股辫盘于头顶。

Step 04

在前后区分界线的后方放置一个垫发包。

Step 05

用前区的头发包裹住垫发包并固定好。

Step 06

将后区下半部分的头发用皮筋固定并向上收拢至发髻处。

Step 07

用发卡固定好后区下半部分的头发。

Step 08

在头顶放置一个垫发包。

Step 09

取一片假发片。

Step 10

将假发片固定在头顶。

Step 11

用假发包裹住垫发包。

Step 12

从右侧取一股假发，用打结的方式盘绕起来。

Step 13

用 U 形卡固定好打结的假发，将剩下的头发平均分为 3 份。

Step 14

取右侧一股假发，绕成一个环。

Step 15

将环固定好。注意这个环在打结的假发下方，要盘绕出合适的弧度。

Step 16

另一侧采用同样的手法处理。

正面

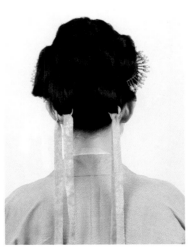
背面

侧面

本例的这个造型并不复杂，有点儿像戏剧《天女散花》中女子的造型，这个造型的灵感来自清宫内府旧藏的《燕寝怡情图》。我在原本的造型上做了一些改动，女子若簪花，也许就是这个样子。

《燕寝怡情图》改良披发单环簪花造型

Step 01

将头发分为前后两区，将前区的头发中分。然后将后区的头发盘起来，再在上面固定一片假发片。

Step 02

将前区的头发往后梳理。

Step 03

用一字卡固定前区的头发。

Step 04

从左右两侧各取一股假发,置于胸前。取一股假发,打成两个结放在侧面。

Step 05

整理好发尾。

Step 06

取右侧胸前的假发,从前侧绕至后侧。

Step 07

整理好发尾。

Step 08

收拢碎发。

Step 09

取另一片假发片,将其固定在头顶。

Step 10

取一股假发,拧转后借助尖尾梳将其盘于侧面。

Step 11

用发卡固定 Step 10 中的盘发并整理好发尾。

Step 12

从后方取一股较粗的假发,用打卷的方式处理。

Step 13

用发卡将发卷固定在头顶。

Step 14

从左侧取一股假发，绕于发卷的根部。

Step 15

再从左侧取一股假发，绕于发卷的根部。

Step 16

用发卡固定好绕发。

Step 17

整理好发髻造型。

正面

背面

侧面

《释氏源流应化事迹》插图中一名仕女梳着狄髻。其他一些仕女画中也采用过狄髻。这个造型的灵感就来源于狄髻，但是我用缠绕的假发代替了狄髻的假发髻，这样会使人更显年轻。

Step 01

将头发中分并梳理顺滑。

Step 02

将头发分为前后两区，并用发夹固定。

Step 03

从后区上半部分的头发中分出一股头发。

Step 04

将这股头发编成三股辫。

Step 05

将三股辫盘于头顶，用发卡固定好。

Step 06

将后区上半部分两侧的头发向中间收拢并盘于头顶，形成一个发髻。

Step 07

用发网套住盘好的发髻。

Step 08

将后区剩余的头发平均分为左右两份。

Step 09

将左右两份头发分别分为上下两份。将上面两股头发编成三股辫。

Step 10

将辫子交叉盘于脑后。

Step 11

将后区剩余的头发分为 3 份，将中间的头发向上梳理，固定到上方的发髻上。

Step 12

将后区两侧的头发向上梳理，将发尾盘于上方的发髻上。

Step 13

从前区取出一股头发，以手推的方式做出弧度。

Step 14

将发尾向后梳理并用发卡固定。

Step 15

将前区下半部分的头发推出更大的弧度，用发卡将发尾在头顶固定好。

Step 16

前区左侧的头发采用与右侧相同的手法处理。取一片假发片。

Step 17

将假发片固定在头顶。从左侧取一股假发，翻折。

Step 18

用一字卡固定好翻折后的头发，形成一个小发髻。

Step 19

将发尾绕小发髻根部一周并从小发髻内侧穿出。

Step 20

做成一个好看的弧度并用U形卡固定。

Step 21

从左侧取一股假发，环绕一圈并固定好，使发尾落于左肩上。

Step 22

取右侧的头发，采用与左侧相同的手法环绕一圈。

Step 23

将左侧的发尾盘起并固定。

Step 24 ────────●

调整造型，整理碎发。

正面

背面

侧面

三绺头并不是一个固定的造型，而是一种梳头方式，特点是在头发前区有 3 片蓬起的区域。梳头方式、梳头习惯，以及模特的脸形不同，其效果都有很大的差别。

这个造型的灵感来源于清代冷枚的《宫苑仕女图》（宝洁公司创始人 William Cooper Procter 旧藏）。原图中丫鬟的造型是三绺头，后面应该有披发，但是为了看起来更成熟，我将后侧的头发盘了起来。

Step 01

将头发梳理顺滑，前区头发分为 3 股，后区头发分为上下 2 股。

Step 02

将后区上半部分的头发盘绕成一个小发髻。

Step 03

用红色头绳绑住前区中间一股头发。

Step 04

前区侧面的两股头发也分别用红色头绳绑住。

Step 05

找到合适的角度，将前区3股头发固定于后方。

Step 06

背面效果展示。

Step 07

将后区下半部分的头发扎起来并向上提起。

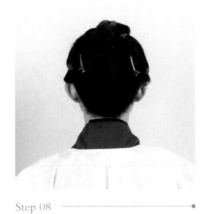

Step 08

将扎起的头发固定在盘好的发髻上。

Step 09

取一片假发片，将其固定在头顶。

Step 10

将假发片分成5股。

Step 11

将左边第一股假发往右侧翻折。

Step 12

将模特右边第一股假发往左侧翻折。

Step 13

将 Step 12 翻折后的发尾再向左侧翻折一次。

Step 14

另一侧用相同的手法处理。

Step 15

将后侧的 3 股头发合并，再平均分为两股。将两股假发分别用红色头绳绑住。

Step 16

将两股发辫合并。

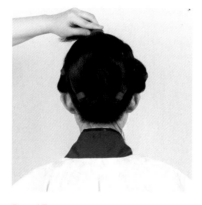

Step 17

用红色头绳绑住发尾。将整个发辫向上翻折。

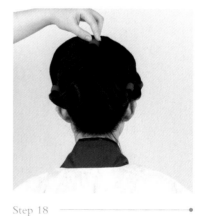

Step 18

将发尾在顶部红色头绳的位置向下翻折，并用发卡固定好。

正面

背面

侧面

《仕女图册》明代单环垂髻造型

这个造型的灵感来源于《仕女图册》，画中的两名女子一前一后。其中一名女子发型采用双髻，一个单环在头顶，配上一个垂髻。我在画中造型的基础上进行了简化，所做发型简单、易上手，自己编盘也可以。

Step 01

将头发分成前后两区，将前区的头发中分。

Step 02

分出后区上半部分的头发。

Step 03

将后区上半部分的头发编成三股辫。

Step 04

将辫子盘于头顶。

Step 05

将前区两侧的头发分别分成 3 股，用鸭嘴夹暂时固定。将后区下半部分的头发扎成一条低马尾。

Step 06

将前区右侧的 3 股头发分别向后梳理，并将发尾固定到头顶的发髻上。

Step 07

前区左侧的头发采用与右侧相同的手法处理。取一片假发片。

Step 08

将假发片固定在头顶。

Step 09

从左侧取一小股假发，绕至头顶固定后再翻折回左侧。

Step 10

将后方的假发分成上下两股，将上半部分的头发扎起。

Step 11

将上半部分的头发盘成发卷。

Step 12

将发卷固定好。

Step 13

将后区下半部分的真发和后方下面
一股假发一起扎成一个发髻。

Step 14

将红色头绳绑在后方发髻的收口
位置。

正面

背面

侧面

《班姬团扇图》单侧手推波垂鬓造型

这个造型融入了手推波元素。说到手推波，大家会想到民国造型，其实在仕女画中也经常可以看到一些造型是有弯曲的鬓发的，唐寅的仕女画多是如此。

本例的造型灵感源自唐寅的《班姬团扇图》。

Step 01

将头发梳理顺滑，分为前后两区。将前区的头发分为左右两部分（左三右七）。

Step 02

将前区右侧的头发分成3股，用发夹固定。

Step 03

取后区上半部分的头发，将其编成三股辫。

Step 04

将三股辫盘于头顶并固定。

Step 05

将后区下半部分的头发用发夹固定。

Step 06

将后区下半部分的头发用皮筋扎起。

Step 07

将前区右侧的 3 股头发分别推出弧度并将发尾向后固定。

Step 08

将前区左侧的头发梳理顺滑，用发夹固定。

Step 09

取一片假发片。

Step 10

将假发片固定于头顶。

Step 11

将假发分成3股，取左侧的一股假发。

Step 12

将这股假发以绕圈的手法盘起。

Step 13

用 U 形卡将其固定在头顶。

Step 14

发尾绕一个圈，也固定于头顶。

Step 15

取右侧的一股假发。

Step 16

将这股假发盘于头顶。

Step 17

整理好发尾。

Step 18

取后侧的一股假发，以打结的方式处理。

Step 19

将发结用 U 形卡固定在右侧。

Step 20

整理好发尾。

Step 21

将后侧的头发扎成一个低马尾。

Step 22

将低马尾的发尾向内折，用红色
头绳绑在收口位置。

正面

背面

侧面

这个造型是单髻的少女造型，整体造型的灵感来源于狄髻，原型来自宋代《文姬归汉图》。这是我第一次发现原来狄髻也是可以搭配不同配饰的，不一定非要插满金簪，所以我简化了造型，配饰选用了少女感强一些的绒花。如果模特的脸形比较圆润，骨架却比较小，不妨考虑一下全盘绕结单髻造型。这个造型有瘦脸的效果。

《文姬归汉图》改良全盘绕结单髻造型

Step 01

将头发分成前后两区。将前区头发三七分并梳理顺滑，将后区上半部分的头发扎起来。

Step 02

将扎起的头发盘于头顶并固定。

Step 03

将前区右侧的头发收到后方，注意要推出一定的弧度。

Step 04

将前区左侧的头发也收到后方。取一片假发片,将其固定在头顶。

Step 05

从右侧取一股假发。

Step 06

以打圈的方式将这股假发固定在头顶,形成一个发髻。

Step 07

用 U 形卡固定发髻并套上发网。

Step 08

从左侧取一股假发,以打结的方式盘绕。

Step 09

将盘好的假发用发卡固定在发髻左侧。

Step 10

抚平碎发。

Step 11

左侧面效果展示。

Step 12

另一侧以同样的手法处理。

Step 13

抚平碎发。

Step 14

右侧面效果展示。

Step 15

从左侧取一股假发，环绕在发髻根部。

Step 16

整理好发尾。

Step 17

正面效果展示。

Step 18

将披着的头发平均分成两股。将左侧一股向右梳理，将发尾缠绕至发髻处。

Step 19

右侧一股头发采用相同的手法处理。

Step 20

背面效果展示。

正面 背面 侧面

这款造型中，妆容融入了昆曲元素，造型灵感来源于《千秋绝艳图》。这个造型在妆容方面，眉尾略微上扬，上下眼线都画了，显得更有精神。这款造型并不复杂，可以作为日常的造型，自己完成。

《千秋绝艳图》明代披发打结造型

Step 01

将头发梳理顺滑并分为前后两区。将前区的头发中分并分出后区上半部分的头发。

Step 02

将后区上半部分的头发用皮筋扎起。

Step 03

将这股头发编成三股辫并盘成一个小发髻。

Step 04

将两个垫发包分别放置在两耳上方。

Step 05

用发卡固定好两侧的垫发包。

Step 06

将前区两侧的头发分别分成两股。将前区两侧的第一股头发向后梳理,使其覆盖住垫发包的上半部分。

Step 07

将前区两侧的第二股头发向后梳理,使其覆盖住垫发包的下半部分。这样可以塑造出层次感。

Step 08

正面效果展示。

Step 09

取一片假发片,将其固定在头顶。

Step 10

取两股假发,分别置于两侧胸前。

Step 11

将左侧的假发分成两股。

Step 12

用打结的方式处理左侧后面一股假发。

Step 13

将发结固定好。

Step 14

左侧第二股假发在发结根部缠绕后固定。

Step 15

将右侧的假发也分成两股，然后将靠前的一股编成两股辫。

Step 16

将两股辫盘起，并固定在右耳上方。

Step 17

收整碎发，略微调整。

正面

背面

侧面

受满汉文化融合和西洋文化冲击的影响,清代汉族女子的造型很多。其中,清代十三行外销画上戴花女子的造型就很特别。本案例的灵感就源于此。

清代十三行外销画单髻双垂环戴花造型

Step 01

将头发梳理顺滑,分成前后两区。将后区上半部分的头发扎起来。

Step 02

将扎起的头发编成三股辫。

Step 03

将辫子盘于头顶。

Step 04

将后区下半部分的头发分成两股。

Step 05

将这两股头发交叉盘起并收好发尾。

Step 06

将前区两侧的头发分别分成两股，第一股头发从上面向后收起。

Step 07

将第二股头发从下面向后收起。

Step 08

收好发尾。

Step 09

取一片假发片。

Step 10

将假发片固定于头顶。

Step 11

从右侧取两股假发。

Step 12

将第二股假发绕成一个环。

Step 13

将第一股假发交叉放进第二股假发中，也绕成一个环。

Step 14

用发卡固定好发尾。左侧采用同样的手法处理。

Step 15

取后方多余的假发，用绕圈的方式盘起。

Step 16

用 U 形卡固定发髻根部。

Step 17

套上发网，以固定发髻。

正面

背面

侧面

这款造型前区没有使用垫发包。清代女子在前区多不使用垫发包，单在后区梳一个发髻，多余的披发则编成辫子，整体而言少女感更强。配饰选用了布艺蕾丝和绒鸟，也有些中西结合的意味。

此案例的灵感源于《清禹之鼎双英图》（现藏于清华大学美术学院）。我在做整体的造型时，缩小了发髻，加大了辫子的部分。

《清禹之鼎双英图》清代双环扎辫少女造型

Step 01

将头发分为前后两区。将前区头发中分，并将后区上半部分的头发扎起来。

Step 02

将扎起来的头发编成三股辫。

Step 03

将三股辫盘于头顶并固定。

Step 04 ————————————●

取一片假发片，将其固定在头顶。

Step 05 ————————————●

注意要将假发片固定牢固。

Step 06 ————————————●

从右侧取一股假发。

Step 07 ————————————●

以螺旋状缠绕的方式进行旋转。

Step 08 ————————————●

用发卡将其固定在头顶右侧，形成
一个小发髻。

Step 09 ————————————●

取后方右侧的一股假发。

Step 10 ————————————●

将这股假发从小发髻上方绕过并
固定。

Step 11 ————————————●

将假发绕至左侧。

Step 12 ————————————●

从后方左侧取一股假发，采用同样
的手法盘绕至右侧。

Step 13

收好发尾。

Step 14

在前区左侧取一小股头发。

Step 15

用手推出一个弧度，将发尾向后梳理并用发卡固定好。

Step 16

将前区左侧剩下的头发拉出一个较大的弧度，将发尾在发髻处固定。

Step 17

前区右侧的头发采用同样的手法处理，然后收好发尾。

Step 18

将后方的假发和后区下半部分的真发放在一起，编成三股辫。

正面

背面

侧面

章五

传统首饰

一、插梳款缠花工艺

　　古人对花卉的喜爱更甚当下。当时不论男女都有在发间簪花的习惯，而且会根据季节的变化来更换不同类型的簪花。但是自然界的花卉离开了根茎之后并不能长时间保存，很快就会枯萎、凋零，手工簪花工艺应运而生。缠花同簪花一样，都是造花工艺的一种。不同的是，相对于知名度较高的簪花，缠花工艺则鲜为人知。如今，大多缠花工艺已经失传，仅剩湖北、福建、以及台湾等地有所留存。

　　缠花又名春仔花，是用各种颜色的丝线在提前固定好的坯架上缠绕出的各种造型的花卉艺术品。根据一些民间老艺人的介绍，缠花工艺源于明朝，盛于清朝，但是几乎没有物件传下来，如今的大多数藏品都是民国时期的新兴缠花作品。20世纪五六十年代，缠花工艺曾流行过一段时间，但留下来的藏品极少。

准备材料：笔、白纸、剪刀、双面胶、铜线、蚕丝线、假花花蕊、热熔胶、插梳

制作者：奈奈

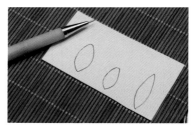

Step 01

在白纸上画出3片尺寸不一样的花瓣。

Step 02

沿着边缘轮廓裁剪下花瓣。

Step 03

将3片花瓣都剪下来。

Step 04

把花瓣对半剪开。

Step 05

3片花瓣都对半剪开。

Step 06

剪下一段双面胶。

Step 07
将剪开的花瓣贴在双面胶上。

Step 08
在双面胶上沿着花瓣的裁剪口粘一根铜线。

Step 09
粘好之后沿着花瓣的形状剪掉多余的双面胶。新手建议使用双面胶作为辅助，熟练以后可以不再使用双面胶。

Step 10
取出蚕丝线。

Step 11
将两根蚕丝线相互缠绕，撮成一根。

Step 12
将撮好的蚕丝线从左到右缠绕到花瓣上。

Step 13
在缠绕的过程中注意保持平整，不要露出底部的白纸。

Step 14
缠绕好之后的样子如图所示。

Step 15
将缠好的花瓣对折。

Step 16
对折后两端的铜线用多余的蚕丝线缠绕固定。

Step 17
其余的花瓣用相同的方法缠绕制成。叶片采用同样的手法制成，叶片比花瓣稍窄。

Step 18
需准备的花瓣和叶片的数量和颜色如图所示。

Step 19

准备好假花花蕊，从内部开始向外添加花瓣。

Step 20

第一朵花为5片深色花瓣，用绿色蚕丝线缠绕尾部。

Step 21

第二朵花为5片浅色花瓣，也用绿色蚕丝线缠绕尾部。

Step 22

将三片绿色叶子如图所示缠绕在一起。

Step 23

将两朵花和三片叶子分别制作完整。

Step 24

将两朵花组合在一起，尾部用绿色蚕丝线缠绕。

Step 25

将叶子放在花朵后方，用蚕丝线将花和叶缠在一起。

Step 26

组合效果展示。

Step 27

用热熔胶将其固定在插梳上。

二、簪杆款缠花工艺

准备材料：笔、白纸、剪刀、双面胶、铜丝、蚕丝线、假花花蕊、热熔胶、簪杆

制作者：奈奈

Step 01

在白纸上画出4片大小不同的花瓣。

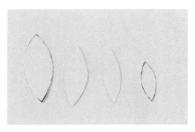

Step 02

用剪刀将花瓣剪下来。

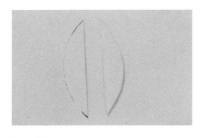

Step 03

将每片花瓣从中间剪开。

Step 04

将剪开的花瓣粘在双面胶上。沿花瓣裁剪口粘一根铜丝。粘好之后沿着花瓣的形状剪掉多余的双面胶，然后为其缠上蚕丝线。

Step 05

使用不同颜色的蚕丝线缠绕出不同颜色的花瓣。叶片采用同样的手法制成。

Step 06

将深色花瓣和假花花蕊组合在一起，用深绿色蚕丝线捆绑尾部。

Step 07

在外面加上一层浅色花瓣，并用墨绿色蚕丝线将它们捆绑组合在一起。

Step 08

将其余花朵采用同样的手法制成。将绿色的叶片组合成两片叶子。

Step 09

将花叶按照自己喜欢的方式组合在一起，并将其用热熔胶固定到簪杆上。

三、铜花丝焊接工艺

准备材料：铜丝、镊子、喷火枪、铜板、笔、白纸、硼砂、焊药、镊子、烧杯、清水、锤打器、钛网、线锯、洗铜液、镀金机

制作者：奈奈

Step 01
把铜丝对折，并拧成麻花状的花丝。

Step 02
用镊子夹住花丝，用喷火枪加热后待其冷却。

Step 03
用同样的方法加热铜板后待其冷却。此过程叫作退火。

Step 04
在白纸上画出叶子的图案。

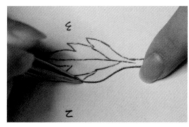

Step 05
将花丝沿着叶子的图案捏出形状。

Step 06
调整花丝的形状，以制作出更逼真的叶子。

Step 07
将捏好形状的花丝放在铜板上，洒上硼砂和焊药。

Step 08
用喷火枪焊接。

Step 09
二者需焊接牢固。

Step 10

用镊子夹取铜板,放入盛有清水的烧杯中冷却。

Step 11

将焊好的铜板用线锯沿着花丝锯下来。

Step 12

放在锤打器上进行捶打。

Step 13

捶打至铜板完全平整。

Step 14

在叶子背面的尾部焊上粗铜丝。

Step 15

将叶子在洗铜液里面浸泡约30秒,然后用水冲洗干净。如果表面还有焊斑,可以多重复几次这个步骤。

Step 16

把焊接好的叶子放到热水里浸泡、清洗,准备镀金。

Step 17

将镀金机按照图所示调到相应的功率。

Step 18

用负极连接叶子,正极夹钛网。

Step 19

镀金约40秒。

Step 20

拿出叶子并清洗干净。

Step 21

成品展示。

四、仿点翠工艺

点翠工艺是我国一项传统的金银首饰制作工艺，汉代已有此工艺。它是首饰制作中的一个辅助工艺，起着点缀、美化金银首饰的作用。使用点翠工艺制作出的首饰，光泽好，色彩艳丽，只要在使用过程中注意保护，其光泽和色彩可以保持很长时间。点翠工艺在清代康熙、雍正和乾隆时期达到了顶峰，晚清到民国时期仍然流行，后来逐渐淡出人们的视野。现在已可用鹅毛、丝带等多种材质替代翠鸟羽毛制作点翠首饰，工艺得以传承。本案例使用染色鹅毛来替代翠鸟羽毛。

准备材料：染色鹅毛、白乳胶、笔刷、宣纸、剪刀、铜片胎体、镊子、花朵配饰（珠花、缠花、仿真花皆可）、蚕丝线

制作者：奈奈

Step 01

取染色鹅毛、白乳胶和笔刷。

Step 02

用笔刷在鹅毛上刷一层白乳胶。

Step 03

将刷好的鹅毛粘在宣纸上。

Step 04

将多余的宣纸剪掉。

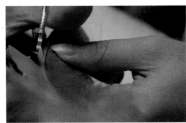

Step 05

将鹅毛沿羽支剪开。

Step 06

留下羽毛部分。

Step 07

将铜片胎体取出，比对需要用到的羽毛部分。

Step 08

将多余的羽毛剪掉。

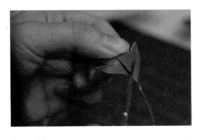

Step 09

调整剪好的羽毛。

Step 10

在铜片胎体上刷上白乳胶。

Step 11

将剪好的羽毛粘上去，用镊子按压平整。

Step 12

采用上述方法在铜片胎体另一侧也粘上羽毛。

Step 13

用手按压，使羽毛粘贴牢固。

Step 14

将叶子与花朵配饰按照自己的喜好组合。

Step 15

用蚕丝线将叶子与花朵配饰绑在一起。

五、辑珠工艺

辑珠是一种穿珠工艺。用珠子制作首饰可以追溯到远古时代以骨、贝穿绳为饰，之后开始用金银、水晶、珍珠、玛瑙、珊瑚、琉璃等制作首饰，直到现在。

准备材料：铜丝、直径约 2 毫米的珠子、剪刀、铜花蕊、蚕丝线、铜片叶子

制作者：奈奈

Step 01

取一根铜丝，穿上 5 颗珠子。

Step 02

将铜丝两端交叉穿过最后一颗珠子。

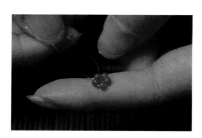

Step 03

将铜丝两端收紧后会呈现如图所示的花朵形状。

Step 04

在铜线两端各穿 2 颗珠子。

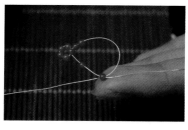

Step 05

将铜丝两端交叉穿过右侧第二颗珠子。

Step 06

收紧铜丝，形成又一花朵形状。

Step 07

重复以上步骤，直至出现 4 组花朵形状。

Step 08

取右端的铜丝。

Step 09

将铜丝穿入第一组花朵形状的珠子。

Step 10

拉紧铜丝，使其成形。

Step 11

将尾部铜丝拧在一起。

Step 12

多拧几圈，一片完整的花瓣就制作完成了。

Step 13

铜丝留合适的长度，用剪刀剪断。重复以上步骤，制作出其他花瓣。

Step 14

本次共做了 13 片花瓣。

Step 15

准备一个铜花蕊（有现成的售卖），围绕花蕊添加花瓣。

Step 16

第一层用蚕丝线捆绑 3 片花瓣。

Step 17

第二层用蚕丝线捆绑 5 片花瓣。

Step 18

第三层花瓣铜丝的尾部需要先用蚕丝线缠绕。

Step 19

共需要制作 5 片这种花瓣。

Step 20

将花瓣与之前绑好的花朵组合。

Step 21

用蚕丝线将尾部铜丝绑好。

Step 22

将铜片叶子和花朵组合在一起。

Step 23

用蚕丝线将暴露的铜丝缠绕起来。

Step 24

绑到铜丝尾部的时候，将尾部稍弯折一下。

Step 25

用蚕丝线将尾部弯折的地方缠绕起来。

Step 26

制作完成以后会形成一根软簪杆。

六、花丝工艺

花丝工艺首饰可以镶嵌不同的宝石作为花蕊，也可以用银镀金的方式镀成金色首饰。

准备材料：镊子、银丝、喷火工具、花蕊、簪杆

制作者：粉黛姑娘

Step 01

用镊子把银丝调整成想要的形状。花朵形状比较简单，适合初学者，这次做的是樱花。

Step 02

做好形状以后，用喷火工具焊接银丝的连接处。

Step 03

将樱花的最外层调整为如图所示的形状，用银丝填充花瓣内部。

Step 04

一层层地填充，做完一个花瓣再做另一个。

Step 05

将花瓣全部填充好，用喷火工具焊接在一起。

Step 06

将花瓣凹出弧度，将花蕊和簪杆焊接到花朵上。

Step 07

调整细节。

七、绒花工艺

学界一般认为，绒花始于唐代。我国唐诗宋词中常有"宫花"一词，宫花是绒花与绢花的统称。唐代元稹的《行宫》有"寥落古行宫，宫花寂寞红"之句，宋代有"半壁宫花春宴罢，满床牙笏早朝归"之名联，可见宫花不仅是后宫头饰，还是象征古人金榜题名的物件。

北京绒花起源于明代末年。《明会典卷·工部·工匠》有"工艺分工有188种，工匠11800余人"，说明明代末年出现了做花行业，做的花有绢花、绒花、纸花和通草花等，以后发展为北京独有的民间艺术品，人们统称其为"京花"。到了清代，绒花得到了发展，特别是康熙和乾隆时期，假花（包括绒花、绢花和纸花等）的发展到了鼎盛时期。

《旧都文物略》中记载："彼时旗汉妇女戴花成为风习，其中尤以梳旗头的妇女最喜色彩鲜艳、花样新奇的人造花。"北京故宫博物院就收藏着清代皇帝大婚时皇后、嫔妃所用的各式绒花。这些绒花多取材于"吉庆有余""龙凤呈祥"等吉祥语。由于"绒花"与"荣华"谐音，佩戴绒花意示安享荣华富贵，所以绒花在宫廷内很受欢迎。

清代北京城王公大臣的官邸林立，王公贵戚中的妇女特别流行佩戴绒花。随着清代的衰亡，绒花从宫中传到民间，普通的妇女也开始佩戴绒花。

《燕京岁时记》记载了"京师孟春之月，儿女多剪彩为花或草虫之类插首"。康熙十年（公元1671年），北京花行的艺人成立了自己的行会，叫作"自制献花老会"。

另据《清史稿》，乾隆皇后富察氏生性节俭，多以通草绒花为饰。清代统治者召集各地能工巧匠聚集京城，为宫廷妇人制作绒花，亦有民间绒花进宫的记录。北京崇文门外花市大街上，常年制售绒花的花铺有东胜永、瑞和永等10余家。当时，假花生产行业十分兴盛，北京的花市大街形成了生产和销售以绒花、绢花、纸花为主的基地，花市大街的花从此销往各地，崇文门外的"花市"也由此得名。

1949年以后，花市大街一带的制花庄、户成立合作社，其产品向鸟类和禽类造型发展，以绒制品为主打产品，北京工艺美术行业称之为"北京绒鸟"。他们后来又研制出绒兽、绒制景观等，不断丰富着该项工艺的创作内容与创作形式。

1960年成立的北京绒鸟厂，是当时北京工艺美术行业的创汇大厂。当时在花市大街一带有几位制绒花的名家，其中具有代表性的、人称"绒鸟张"的张宝善，其祖上三代均为宫廷制作绒花。人称"绒鸟高手"的夏文富是绒制品设计创新的技术骨干，他培养了很多接班人。20世纪90年代后期，北京绒鸟厂倒闭，原北京绒鸟厂的技术骨干李桂英、高振兴等人将技艺传承下去。其中，高振兴的徒弟蔡志伟刻苦钻研技艺，成为北京绒鸟（绒花）第六代传承人。

2009年10月，北京绒鸟（绒花）被评为北京"市级非物质文化遗产"。

绒花制作案例

准备材料：蚕丝线、脱胶器、染料及染色工具、晾晒架、绷直工具、铁丝、剪刀、鬃毛刷和绒花花蕊

制作者：何航

Step 01

对蚕丝线进行脱胶处理。

Step 02

用染料为蚕丝线染色。

Step 03

晾晒染色后的蚕丝线。

Step 04

选取粉色的蚕丝线，绷直后取下，再选一根铁丝。

Step 05

用剪刀将蚕丝线剪成长短均匀的小段，将铁丝置于其上。

Step 06

借助铁丝将蚕丝线搓成绒条，用鬃毛刷刷一下。

Step 07

将绒条修剪成自己想要的形状。

Step 08

将铁丝对折并将尾部拧紧，使绒条呈花瓣的形状。

Step 09

用相同的手法再做 4 片花瓣。将 5 片花瓣拼接在一起，做成一朵 5 瓣绒花。也可以加入绒花花蕊，做成梅绒花。

八、纱堆花工艺

纱堆花是清朝时宫廷里很流行的一款花饰。本案例这款葡萄纱堆花的灵感来源于北京故宫博物院收藏的一款纱堆花作品，葡萄叶子采用绒花工艺，葡萄果实主要是用白纱布制成的。

准备材料：白纱布、绣花针、染料、铁丝、充作葡萄籽的杆状物、带簪杆的绒花叶子
制作者：何航

Step 01

将白纱布对叠两次并用绣花针固定。

Step 02

将纱布染成自己想要的颜色。

Step 03

用铁丝将染好色的纱布绑成充气状，并固定其底部。

Step 04

从后方塞入充作葡萄籽的杆状物。

Step 05

将葡萄尾部剪掉些，调整葡萄籽，使之分开。用相同的手法制作八九个葡萄，将它们绑在带簪杆的绒花叶子上。

纱堆花工艺作品　北京故宫博物院藏